Christian Schlieder

Autodesk® Inventor® 2017

Einsteiger-Tutorial

Viele praktische Übungen am
Konstruktionsobjekt HUBSCHRAUBER

Christian Schlieder

Autodesk® Inventor® 2017

Einsteiger-Tutorial

Viele praktische Übungen am Konstruktionsobjekt HUBSCHRAUBER

Weiterführende Literatur

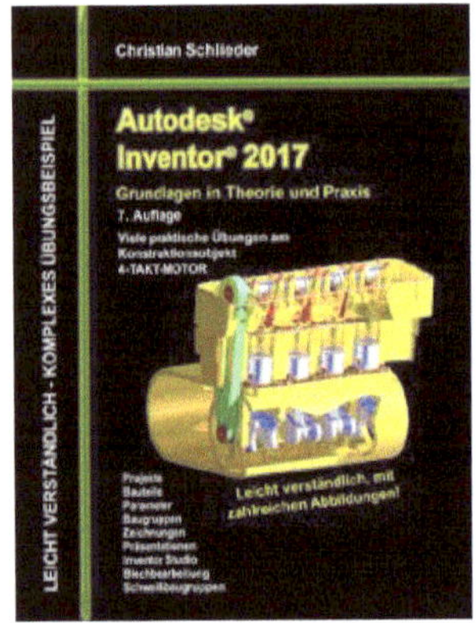

Autodesk Inventor 2017
Grundlagen in Theorie ...
ISBN: 978-3-7412-2515-4
316 Seiten - 24,95 Eur

Autodesk Inventor 2017
Dynamische Simulation
ISBN: 978-3-7412-5027-9
188 Seiten - 18,95 Eur

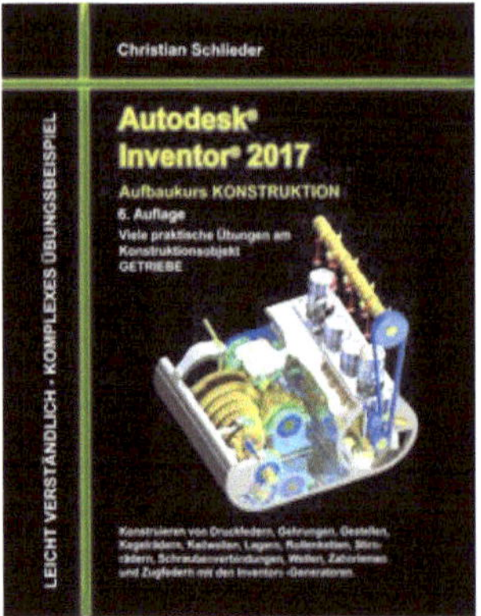

Autodesk Inventor 2017
KONSTRUKTION
ISBN: 978-3-7412-2710-3
132 Seiten - 18,95 Eur

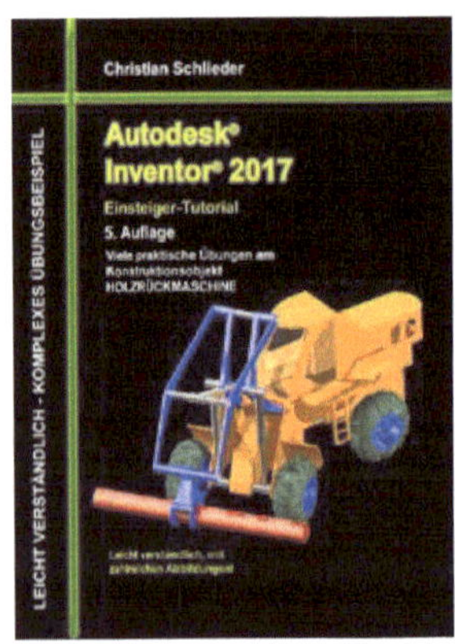

Autodesk Inventor 2017
HOLZRÜCKMASCHINE
ISBN: 978-3-7412-5237-2
188 Seiten - 16,95 Eur

Autodesk Inventor 2017
HYBRIDJACHT
ISBN: 978-3-7412-6587-7
144 Seiten - 16,95 Eur

Autodesk AutoCAD 2015
Grundlagen in Theorie ...
ISBN: 978-3-7347-7475-1
120 - Seiten - 18,95 Eur

http://www.cad-trainings.de/html/Literatur.html

ISBN

978-3-7412-7597-5

IMPRESSUM

Dipl.- Ing. Christian Schlieder
www.cad-trainings.de
Fax: +49 (0) 3212 - 1122290

HERSTELLUNG UND VERLAG

BoD - Books on Demand, Norderstedt
www.BoD.de

INHALTSVERZEICHNIS

1 Grundlegendes zum Buch

1.1 Zielgruppe und Aufbau des Buches

Dieses Übungsbuch für **Autodesk® Inventor® 2017** richtet sich an alle interessierten Personen, die den Umgang mit dieser Software von Grund auf erlernen möchten.

Viele wichtige Befehle des Programms werden erläutert und in kleinen Schritten praktisch gefestigt. Als Übungsbeispiel dient ein Hubschrauber, dessen Bauteile schrittweise erzeugt und später in einer Hauptbaugruppe miteinander verbunden werden.

1.2 Erzeugen des Projektordners

Bevor Sie mit der Umsetzung des Projekts beginnen, sollten die folgenden Arbeiten erledigt werden:

Erzeugen eines neuen Projektordners

Erstellen Sie auf Ihrem PC an geeigneter Stelle einen neuen Ordner:

> ➤ **Inventor-2017-Hubschrauber**

Dieser Ordner soll als Speicherort des gesamten Projekts dienen.

2   Installation von Autodesk® Inventor® 2017

2.1   Systemanforderungen

Die folgenden von Autodesk® empfohlenen Systemanforderungen gelten für Bauteile und Baugruppen mit weniger als 1000 Bauteilen:

Betriebssystem	64-Bit-Version von Microsoft® Windows® 10 64-Bit-Version von Microsoft Windows 8.1 mit Update KB2919355 64-Bit-Version von Microsoft Windows 7 SP1
CPU-Typ	Mindestens: 64-Bit Intel oder AMD, 2 GHz oder schneller Empfohlen: Intel® Xeon® E3 oder Core i7 3,0 GHz oder höher
Arbeitsspeicher	Mindestens: 8 GB RAM Empfohlen: 20 GB Ram oder mehr
Festplatte	Installationsprogramm sowie vollständige Installation: 40 GB
Grafikkarte	Mindestens: Microsoft Direct3D 10®-fähige Grafikkarte oder höher Empfohlen: Microsoft Direct3D 11®-fähige Grafikkarte oder höher
Sonstiges	DVD-ROM oder USB, 1280 x 1024 oder höhere Bildschirmauflösung, Internetverbindung für Autodesk® 360-Funktionalität, Web-Downloads und Zugriff auf die Subskriptionsüberprüfung, Adobe® Flash® Player 15, Microsoft® Internet Explorer® 11 oder höher, Microsoft® Excel® 2010, 2013, 2016 für iFeatures, iParts, iAssemblies, Gewindeanpassungen, globale Stückliste, Teilelisten, Revisionstabellen und tabellenbasierte Konstruktionen (Excel Starter®, Online Office 365® und OpenOffice® werden nicht unterstützt), 64-Bit-Microsoft® Office® Access® 2007, -dBase IV, Text und CSV-Format, Microsoft® .NET Framework 4. 5, Virtualisierung unterstützt auf Citrix® XenApp™ 7.7 und 7.8; Citrix XenDesktop™ 7.7 und 7.8 (erfordert Inventor-Netzwerklizenzierung)

2.2 Anforderungen an das Betriebssystem

Die Installation von Autodesk® Inventor® 2017 erfordert ein Windows® Betriebssystem. Nutzer eines Apple® Betriebssystems, können das Programm mithilfe von Boot Camp® oder Parallels Desktop® unter Beachtung der folgenden Systemvoraussetzungen installieren:

Betriebssystem	Mindestens: Mac OS® X 10.9.x Empfohlen: Mac OS® X 10. 10.x
CPU-Typ	Mindestens: Intel® Core 2 Duo (3 GHz oder höher)
Arbeitsspeicher	Mindestens: 8 GB RAM Empfohlen: 16 GB Ram oder mehr
Partitionsgröße **Partitionsgröße**	Mindestens: 200 GB freier Festplattenspeicher Empfohlen: 500 GB freier Festplattenspeicher oder mehr
Betriebssystem	64-Bit-Version von Microsoft Windows 10 64-Bit-Version von Microsoft Windows 8.1 mit Update KB2919355 64-Bit-Version von Microsoft Windows 7 SP1

2.3 Download des Programms

Sollten Sie die Software nicht bereits besitzen, haben Sie die folgenden Möglichkeiten, Autodesk®-Produkte unter den folgenden Links herunterzuladen:

Autodesk® **Store**	Wenn Sie die Programmversion kaufen möchten: ➢ http://www.autodesk.com/store/storeselect.htm
Autodesk®- **Konto**	Als Subscription-Kunde bei Ihrem Autodesk® Konto: ➢ https://accounts.autodesk.com/
Education **Community**	Als Mitglied der Education Community: ➢ http://www.autodesk.com/education/free-software/all
Kostenlose **Testversionen**	Als kostenlose Testversion mit 30 Tagen Laufzeit: ➢ http://www.autodesk.com/free-trials

Unter dem folgenden Link finden Sie weitere Informationen zu kostenlosen Programmversionen von Autodesk® für Studenten und Lehrkräfte:

➢ *http://help.autodesk.com/view/INVNTOR/2017/DEU/?guid=GUID-32F591DA-32BF-42F2-8FAC-DF215412D1C3*

2.4 Installationsvoraussetzungen

Zugriffsrechte

Sie müssen über lokale Benutzer-Administratorrechte verfügen.

> ➢ **Systemsteuerung > Benutzerkonten > Benutzerkonten verwalten**

System-Updates/ Antivirenprogramm

Vor der Installation von Autodesk® Inventor® 2017 sollten eventuell noch ausstehende Updates von Windows® durchgeführt werden. Starten Sie den Rechner danach neu. Antivirenprogramme müssen während der Installation eventuell vorübergehend deaktiviert werden.

Language Packs

Prüfen Sie vor der Installation von Autodesk® Inventor® 2017, ob die heruntergeladene Programmversion in der richtigen Sprache vorhanden ist. Eventuell muss vorab ein Sprachpaket heruntergeladen und installiert werden.

Seriennummer/ Produktschlüssel

Vor der Installation sollten Seriennummer und Produktschlüssel in Erfahrung gebracht werden. Diese werden bereits während der Installation benötigt (Ausnahme: kostenlose Testversion). Weitere Informationen zum Thema finden Sie unter dem Link:

> ➢ **https://knowledge.autodesk.com/customer-service/installation-activation-licensing/get-ready/find-serial-number-product-key/product-key-look/2017-product-keys**

Beenden anderer Programme

Beenden Sie alle anderen Programme vor der Installation von Autodesk® Inventor® 2017.

2.5   *Installation von Autodesk® Inventor® 2017*

Stellen Sie vor der Installation von Autodesk® Inventor® 2017 sicher, dass alle Teile des Programms vollständig vorhanden sind. Wurden diese vollständig heruntergeladen (Schritt entfällt, wenn die Software auf DVD vorhanden ist), kann mit der Installation begonnen werden. Sollte das Installationsprogramm noch nicht geöffnet sein, starten Sie dieses. Sie finden es für gewöhnlich im Pfad:

> ➤ *C:\Autodesk\Inventor_2017_...\Setup.exe*

Nachdem Sie die Lizenzvereinbarung gelesen und akzeptiert haben, muss im Dropdown-Menü mit den Produktsprachen einer der folgenden Schritte durchgeführt werden:

1) Wählen Sie eine Sprache aus.
2) Wählen Sie unter Lizenztyp die Option *Einzelplatz*.
3) Geben Sie Seriennummer und Produktschlüssel ein (falls erforderlich).
4) Bestimmen Sie den Installationspfad (dieser Pfad darf maximal 260 Zeichen lang sein).
5) Übernehmen Sie die vorgegebene Konfiguration oder passen Sie die Installation an (weitere Informationen zur Konfiguration finden Sie in der Produktdokumentation).
6) Klicken Sie auf *Installieren*.
7) Nach der Installation: Klicken Sie auf *Fertigstellen*.

2.6   *Aktivierung von Autodesk® Inventor® 2017*

Online aktivieren und registrieren

Sobald Autodesk® Inventor® 2017 das erste Mal gestartet wurden, startet auch automatisch der Aktivierungsvorgang. Sollte der PC über eine bestehende Internetverbindung verfügen, führen Sie die folgenden Schritte aus:

1) Achten Sie darauf, dass Ihre Firewall den Datenaustausch zwischen Autodesk® Inventor® 2017 und dem Server von Autodesk® nicht unterbricht.
2) Starten Sie Autodesk® Inventor® 2017.
3) Stimmen Sie den Datenschutzrichtlinien zu.
4) Klicken Sie auf *Aktivieren*.
5) Geben Sie den Produktschlüssel ein, wenn Sie dazu aufgefordert werden sollten. Melden Sie sich an und registrieren Sie das Produkt.

Autodesk® überprüft jetzt die Berechtigungsinformationen, wie z. B. Ihre Seriennummer. Wenn Sie die Aktivierungsaufforderung sehen und keine Verbindung mit dem Internet herstellen können, ist die Aktivierung manuell vorzunehmen.

Manuelles Aktivieren und Registrieren (offline)

Sollte der PC über keine bestehende Internetverbindung verfügen, führen Sie die folgenden Schritte aus:

1) Starten Sie Autodesk® Inventor® 2017.
2) Stimmen Sie den Datenschutzrichtlinien zu.
3) Klicken Sie auf **Aktivieren**.
4) Wählen Sie Aktivierungscode **Mit einer Offlinemethode anfordern**.
5) Klicken Sie auf **Weiter**.
6) Notieren Sie die Aktivierungsinformationen, die auf dem Bildschirm angezeigt werden, einschließlich der URL.
7) Starten Sie ein Gerät mit einer bestehenden Internetverbindung.
8) Öffnen Sie die URL aus Punkt (6). Melden Sie sich an und registrieren Sie das Produkt.
9) Notieren Sie den Aktivierungscode.
10) Starten Sie Autodesk® Inventor® 2017.
11) Klicken Sie auf **Aktivieren**.
12) Wählen Sie die Option **Ich habe einen Aktivierungscode von Autodesk**.
13) Kopieren Sie den Aktivierungscode, und fügen Sie ihn in das erste Feld ein, um automatisch die anderen Felder auszufüllen.
14) Klicken Sie auf **Weiter**.

Weitere Informationen zu Installation und Aktivierung erhalten Sie unter dem folgenden Link:

> **http://knowledge.autodesk.com/customer-service/installation-activation-licensing**

3 Programmaufbau und Programmoberfläche

3.1 Programmaufbau

Nach dem Start von Autodesk[®] Inventor[®] 2017 öffnet sich das Programm mit der folgenden **Benutzeroberfläche**:

1) Hauptmenü
2) Schnellzugriff-Werkzeuge
3) Multifunktionsleiste
4) InfoCenter
5) Neue Datei erstellen
6) Projektverwaltung
7) Zuletzt verwendete Dateien

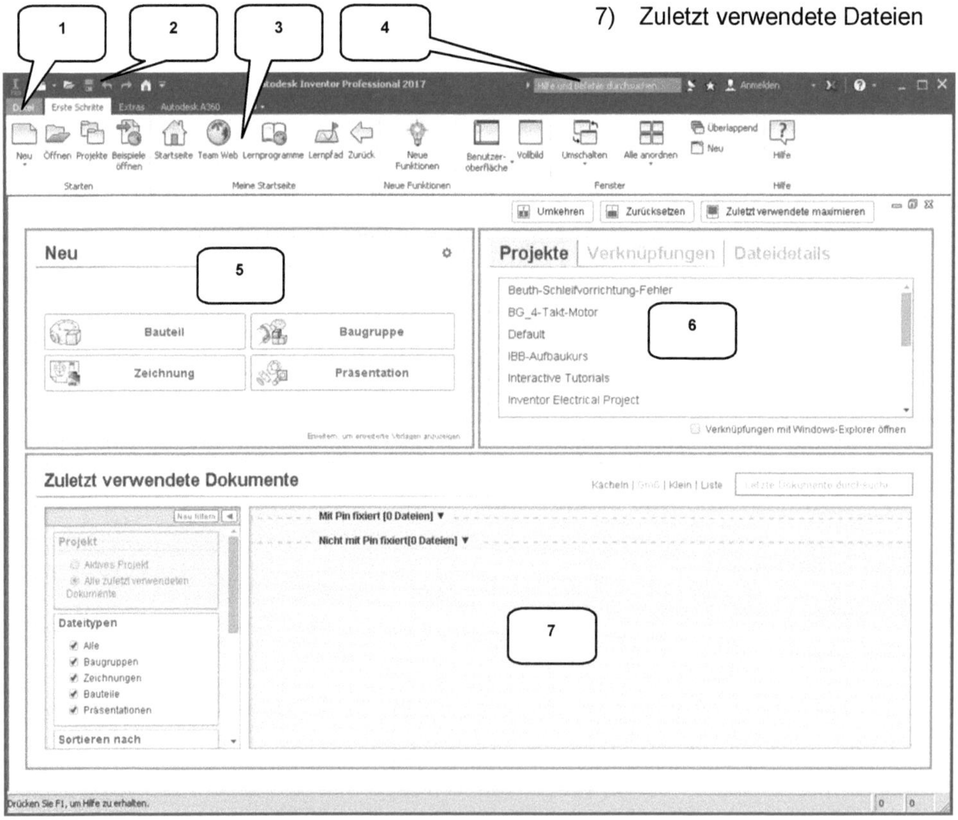

3.2 Hauptmenü

Das **Hauptmenü** öffnet sich durch einen Klick auf den Button **Datei** (1). Es beinhaltet die folgenden Optionen:

2) Zuletzt verwendete oder aktuell geöffnete Dateien auflisten

3) Erstellen neuer Dateien

4) Öffnen einer Datei

5) Speichern der aktuellen Datei

6) Speichern der aktuellen Datei unter anderem Namen oder archivieren des Projekts mit Pack and Go

7) Exportieren der aktuellen Datei in einen anderen Dateityp

8) Verwalten und Exportieren von Projekten oder Dateien

9) Öffnet den Manager für Suite-Arbeitsabläufe

10) Bearbeiten der iProperties

11) Drucken der Datei (2D/3D)

12) Schließen der aktuellen Datei oder aller geöffneter Dateien

13) Öffnen der Anwendungsoptionen

14) Beendet Autodesk® Inventor®

HINWEIS: Die jeweiligen Befehle können mit einem Klick der linken Maustaste auf die nebenstehenden Dreiecke noch erweitert werden.

3.3 Schnellzugriff-Werkzeuge

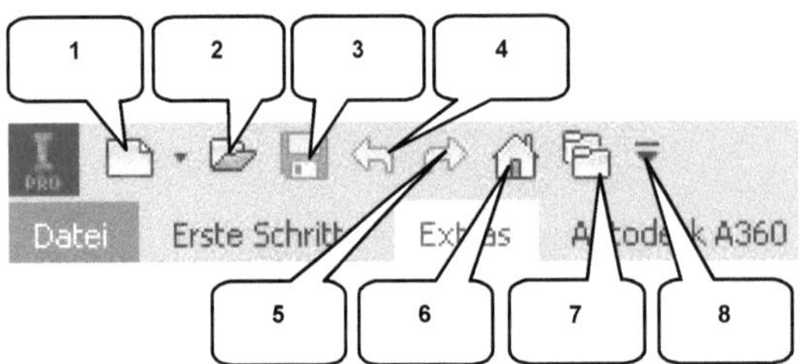

Die **Schnellzugriff-Werkzeuge** sind einige häufig verwendete Befehle, die einzeln ein- oder ausgeblendet werden können. Die folgenden Befehle befinden sich darin:

1) Erstellen einer neuen Datei
2) Öffnen einer vorhandenen Datei
3) Speichern der aktuell geöffneten Datei
4) Einen Arbeitsschritt zurück

5) Einen Arbeitsschritt vorwärts
6) Aktiviert die Startseite
7) Öffnet die Projektverwaltung
8) Schnellzugriff-Werkzeuge anpassen

3.4 Multifunktionsleiste

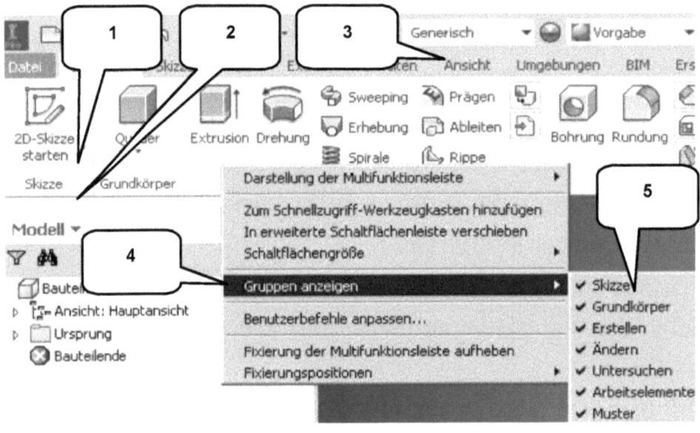

Die **Multifunktionsleiste** (1) befindet sich im oberen Bereich des Programms und enthält verschiedene Befehlsgruppen (2), deren Inhalt entsprechend der Auswahl einer der verfügbaren Registerkarten (3) variiert. Jede Registerkarte enthält diverse Befehlsgruppen, welche beliebig ein- oder ausgeblendet werden können.

Um Befehlsgruppen ein- oder auszublenden, muss mit der **rechten Maustaste** auf einen beliebigen Punkt im Bereich der Multifunktionsleiste (1) geklickt und die Option **Gruppen anzeigen** (4) gewählt werden. In der erweiterten Auswahl (5), können die einzelnen Befehlsgruppen danach aktiviert/deaktiviert werden.

HINWEIS: Sollten in diesem Buch Befehle verwendet werden, die Sie in Ihrer Multifunktionsleiste im entsprechenden Arbeitsbereich nicht finden können, kontrollieren Sie bitte, ob die entsprechende Befehlsgruppe aktiviert ist.

3.5   Browser

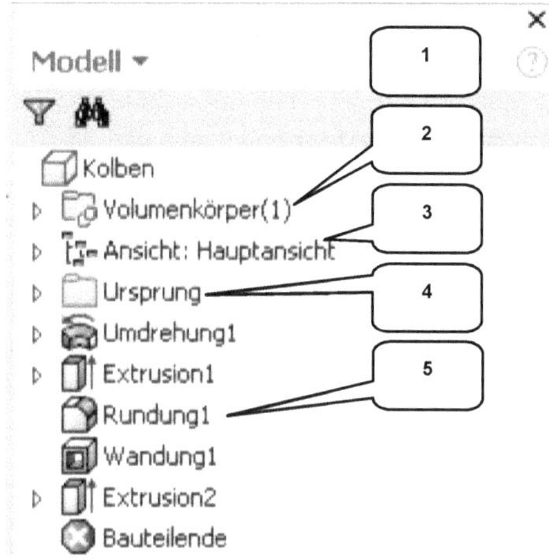

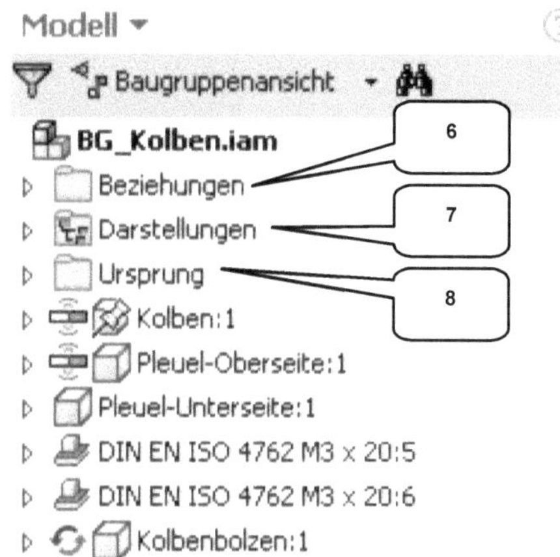

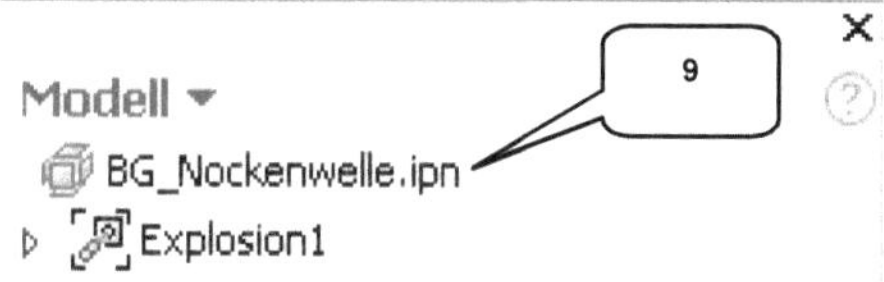

Der **Browser** (1) spiegelt den grundlegenden Aufbau eines Objektes wieder. Je nach Arbeitsbereich kann dieser inhaltlich variieren:

> ### Bauteil-Browser

Im Bauteil-Browser befinden sich der Ordner **Volumenkörper** (2) (listet die Anzahl der einzelnen Volumenkörper eines Bauteils auf), der Ordner **Ansicht** (3) (speichert verschiedene Ansichten eines Bauteils) und der Ordner **Ursprung** (4) (beinhaltet die Achsen und Ebenen des Bauteils). Außerdem werden alle bereits am Bauteil vorgenommenen **Arbeitsschritte** (5) chronologisch aufgelistet und können hier bearbeitet werden.

> ### Baugruppen-Browser

Im Baugruppen-Browser befinden sich der Ordner **Beziehungen** (6) (listet alle in einer Baugruppe vorhandenen Abhängigkeiten auf), der Ordner **Darstellungen** (7) (beinhaltet Ansichten, Positionen und Detailgenauigkeiten) und der Ordner **Ursprung** (8). Außerdem werden alle in der Baugruppe vorhandenen Komponenten aufgelistet.

> ### Präsentations-Browser

Im Präsentations-Browser ist die dargestellte Baugruppe (9) aufgelistet. Jedes in der Präsentation animierte Bauteil wird zusätzlich um die hinzugefügten Animationspfade ergänzt.

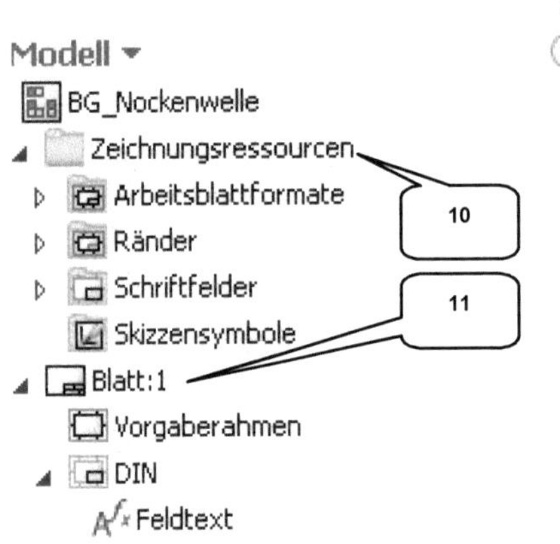

➢ *Zeichnungs-Browser*

Der Zeichnungs-Browser enthält den Ordner *Zeichnungsressorcen* (10) (beinhaltet Arbeitsblattformate, Ränder, Schriftfelder und vordefinierte Symbole) und alle, in der Datei vorhandenen *Blätter* (11). Jedes Zeichnungsblatt beinhaltet die dem Blatt zugeordneten Arbeitsblattformate, Ränder, Schriftfelder und Symbole sowie dargestellten Ansichten mit den darin abgebildeten Komponenten.

3.6 Arbeitsbereich
3.6.1 Startbildschirm

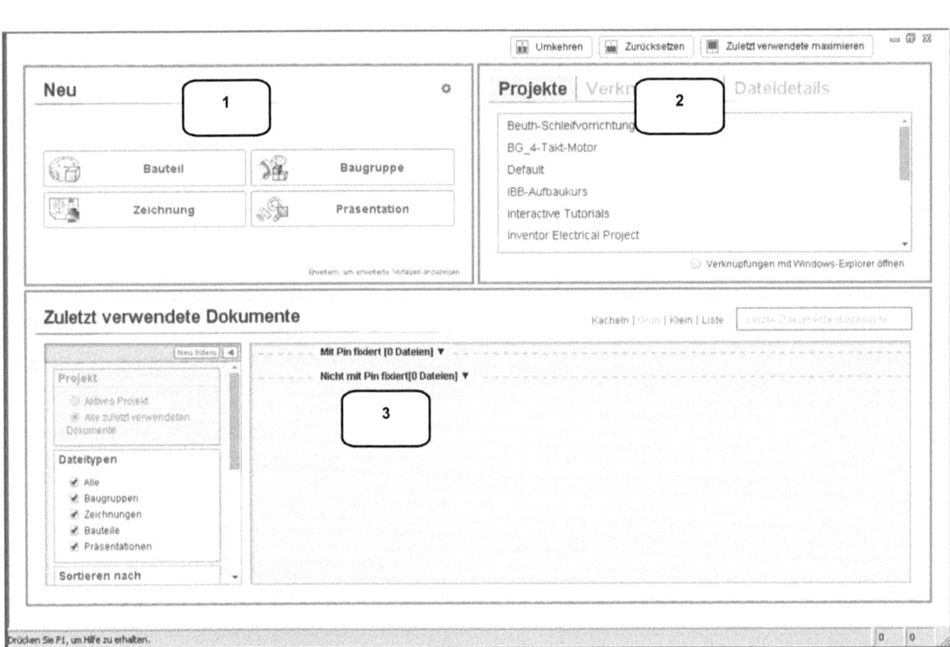

Nach dem Start von Autodesk® Inventor® 2017 wird dem Benutzer ein *Startbildschirm* mit den folgenden Inhalten angeboten: 1) Erstellen einer neuen Datei, 2) Aktivieren vorhandener Projekte und Darstellen zugehöriger Verknüpfungen und Details,3) Darstellen zuletzt verwendeter Dateien mit erweiterten Filteroptionen

4 Die ersten Schritte

4.1 Programmhilfe und neue Funktionen

Im Register *Erste Schritte* (Befehlsgruppe *Meine Startseite*) befindet sich der Befehl **Hilfe** (1). Ein Klick darauf öffnet im Arbeitsbereich die Autodesk® Inventor® 2017 Online-Hilfe (Internetzugang erforderlich).

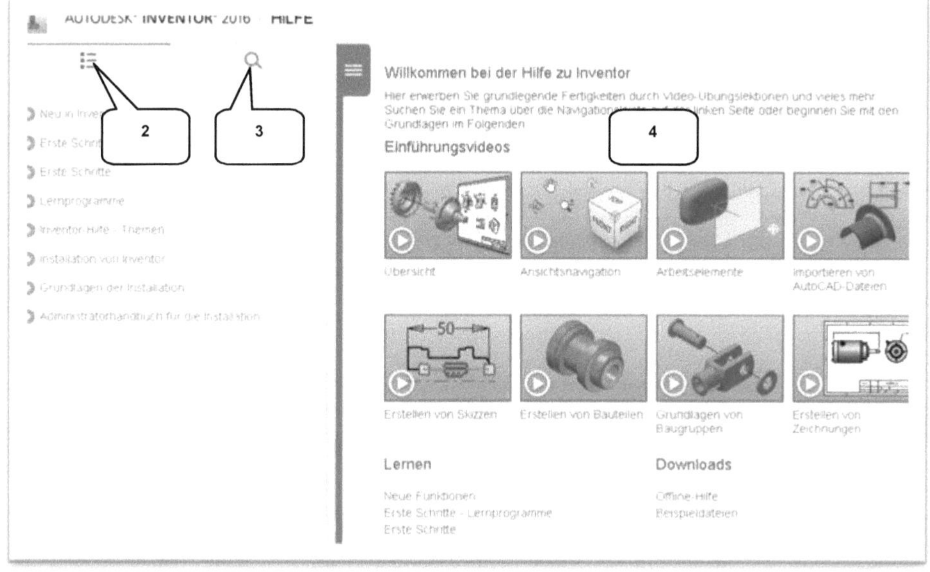

Hier können Sie entweder in der *Inhaltsübersicht* (2) aus einem der angebotenen Themengebiete auswählen, oder bestimmte Befehle oder Begriffe *suchen* (3). Im *Ausgabebereich* (4) werden die jeweiligen Ergebnisse angezeigt. Die lokale Hilfedatei kann zusätzlich aus dem Internet geladen werden:

> *https://knowledge.autodesk.com/de/support/inventor-products/downloads/caas/ downloads/downloads/DEU/content/inventor-2017-online-help-and-local-help- page.html*

4.2 Videos und Lernprogramme

Im Register **Erste Schritte** (Befehlsgruppe **Meine Startseite**) befindet sich der Lernpfad (1). Ein Klick darauf öffnet eine interaktive Lernumgebung (2), in der Sie schrittweise den Umgang mit der Software erlernen und verschiedene Lernprogramme starten können.

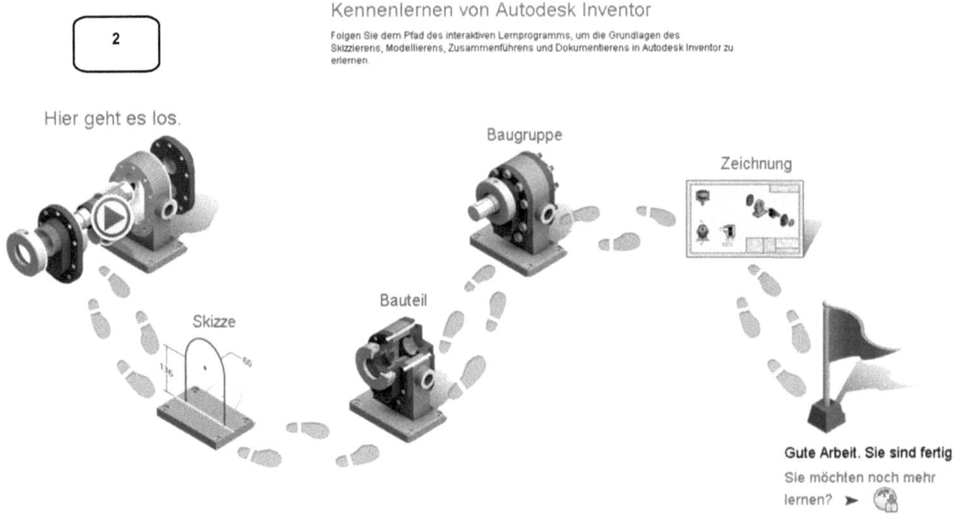

Mit dem Befehl **Lernprogramme** (3) öffnet sich im Arbeitsbereich eine Übersicht, weiterer verfügbarer Lernprogramme (4), welche zusätzlich heruntergeladen werden können.

4.3 Zusatzmodule (empfohlene Einstellungen)

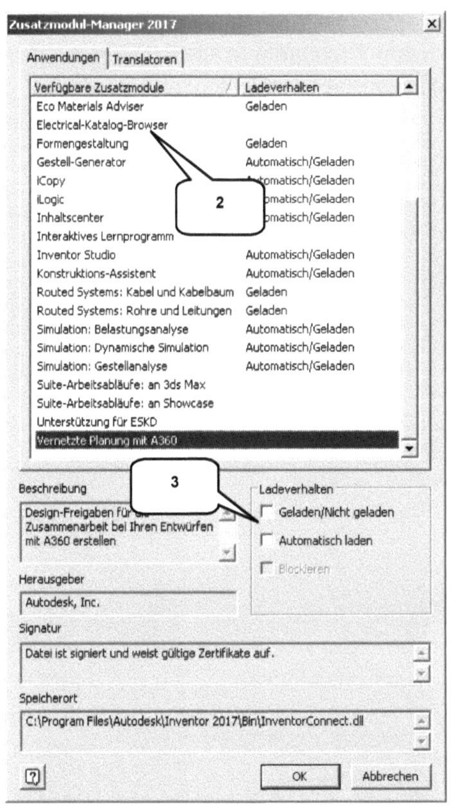

Im Register **Extras** (Befehlsgruppe **Optionen**) befindet sich der Befehl ⊹ **Zusatzmodule** (1). Ein Klick darauf öffnet den **Zusatzmodul-Manager**. Mit diesem Befehl können die automatisch beim Programmstart zu aktivierenden Programmteile definiert werden. Um ein Modul automatisch laden zu lassen, muss dieses in der **Liste** (2) aktiviert werden, um anschließend die beiden Haken im Bereich **Ladeverhalten** (3) zu setzen. Um ein Modul nicht automatisch bei Programmstart laden zu lassen, sind die beiden Haken zu entfernen.

Die Aktivierung der folgenden Module wird empfohlen:

- ➢ Additive Herstellung
- ➢ Automatische Begrenzungen
- ➢ Baugruppe - Bonuswerkzeuge
- ➢ BIM-Austausch
- ➢ BIM-Vereinfachen
- ➢ Gestell-Generator
- ➢ iCopy
- ➢ iLogic
- ➢ Inhaltscenter
- ➢ Inventor Studio
- ➢ Konstruktions-Assistent
- ➢ Simulation: Belastungsanalyse
- ➢ Simulation: Dynamische Simulation
- ➢ Simulation: Gestellanalyse

HINWEIS: Je nach Programversion (Inventor® 2017 oder Inventor® Professional 2017) können einige der Module unter Umständen nicht verwendet werden. Bitte beachten Sie, dass eine generelle Aktivierung aller Module die Leistungsfähigkeit Ihres PCs negativ beeinträchtigen kann.

4.4 Anwendungsoptionen (empfohlene Einstellungen)

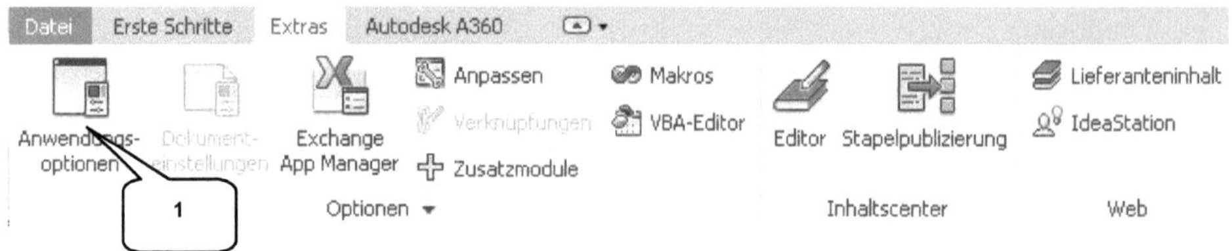

Im Register **Extras** (Befehlsgruppe **Optionen**) befindet sich der Befehl **Anwendungsoptionen** (1). Hier können die Grundeinstellungen am Programm vorgenommen werden. Folgende Einstellungen werden für die Arbeit mit diesem Buch empfohlen:

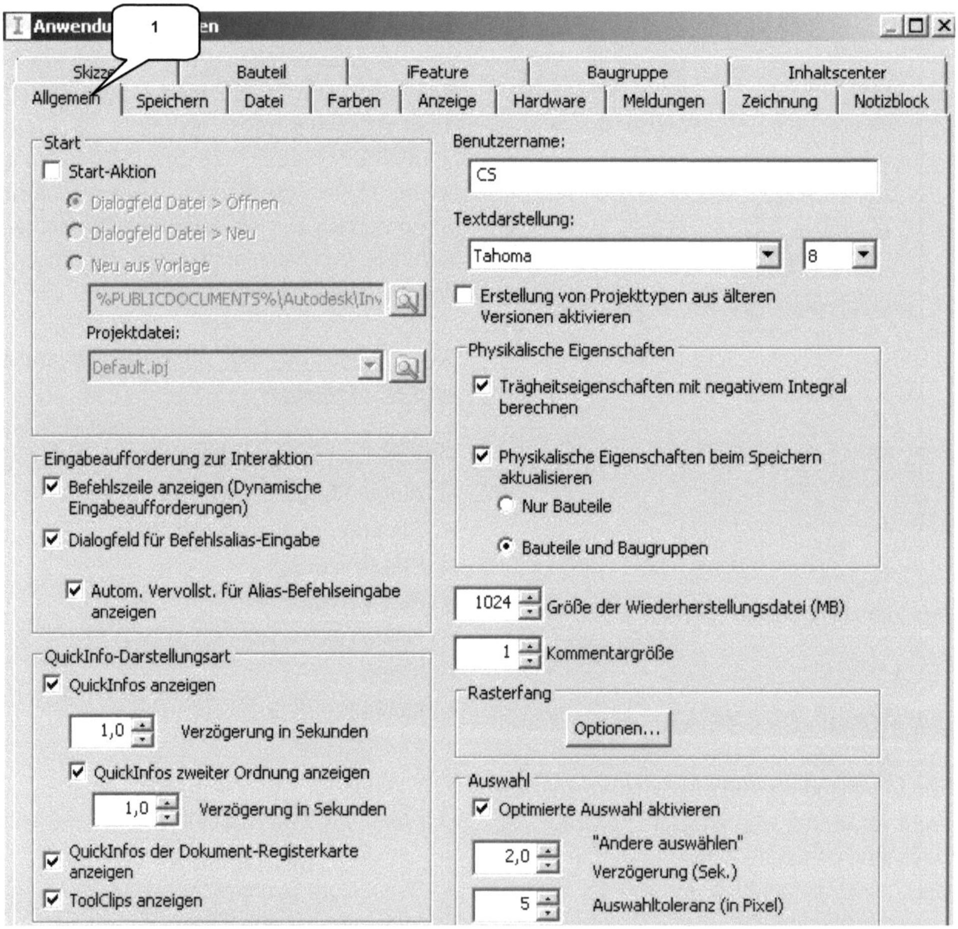

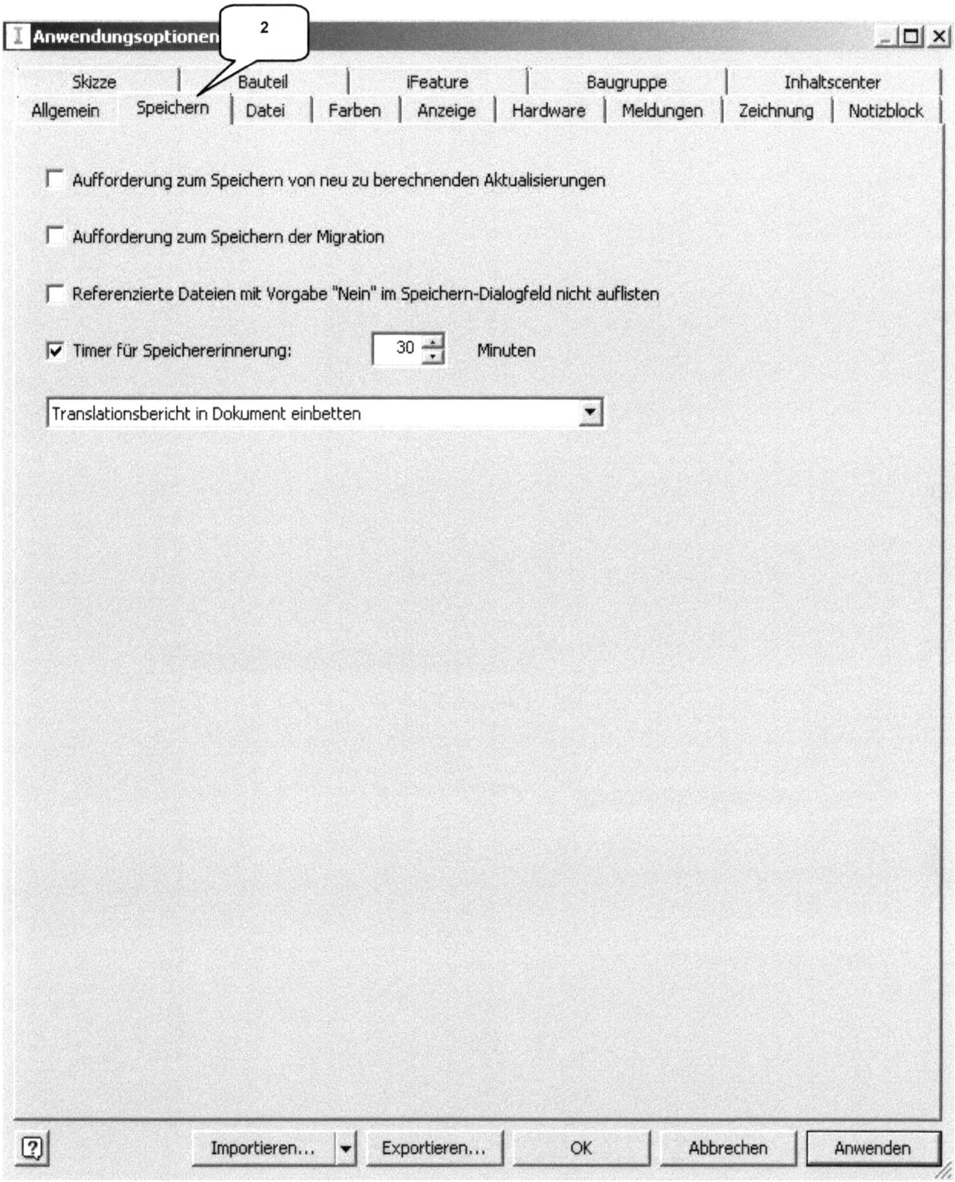

Anwendungsoptionen

2

| Skizze | Bauteil | iFeature | Baugruppe | Inhaltscenter |

Allgemein | Speichern | Datei | Farben | Anzeige | Hardware | Meldungen | Zeichnung | Notizblock

☐ Aufforderung zum Speichern von neu zu berechnenden Aktualisierungen

☐ Aufforderung zum Speichern der Migration

☐ Referenzierte Dateien mit Vorgabe "Nein" im Speichern-Dialogfeld nicht auflisten

☑ Timer für Speichererinnerung: 30   Minuten

Translationsbericht in Dokument einbetten ▼

Importieren... ▼ | Exportieren... | OK | Abbrechen | Anwenden

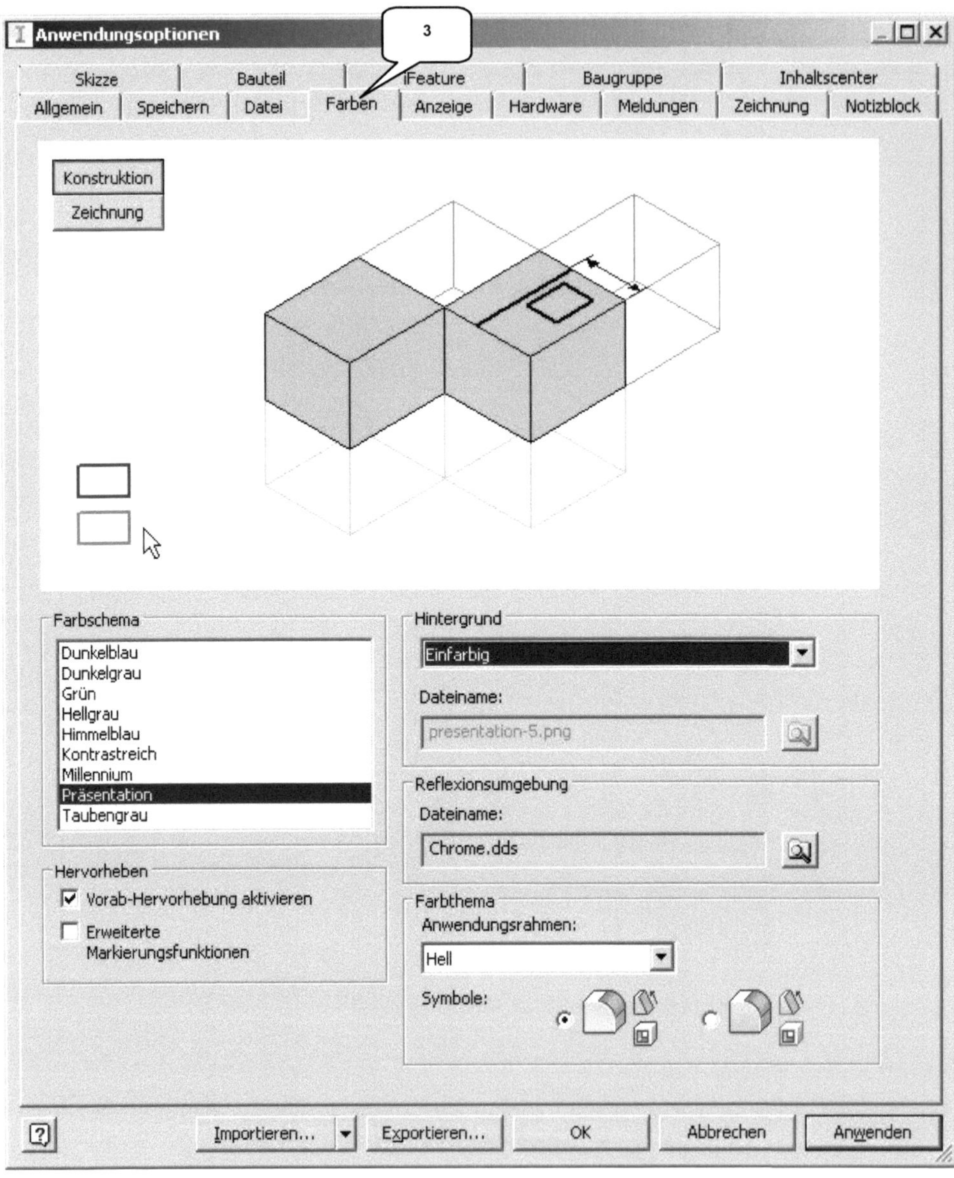
Anwendungsoptionen
3
Skizze
Bauteil
iFeature
Baugruppe
Inhaltscenter
Allgemein
Speichern
Datei
Farben
Anzeige
Hardware
Meldungen
Zeichnung
Notizblock
Konstruktion
Zeichnung
Farbschema
Dunkelblau
Dunkelgrau
Grün
Hellgrau
Himmelblau
Kontrastreich
Millennium
Präsentation
Taubengrau
Hervorheben
Vorab-Hervorhebung aktivieren
Erweiterte
Markierungsfunktionen
Hintergrund
Einfarbig
Dateiname:
presentation-5.png
Reflexionsumgebung
Dateiname:
Chrome.dds
Farbthema
Anwendungsrahmen:
Hell
Symbole:
Importieren...
Exportieren...
OK
Abbrechen
Anwenden

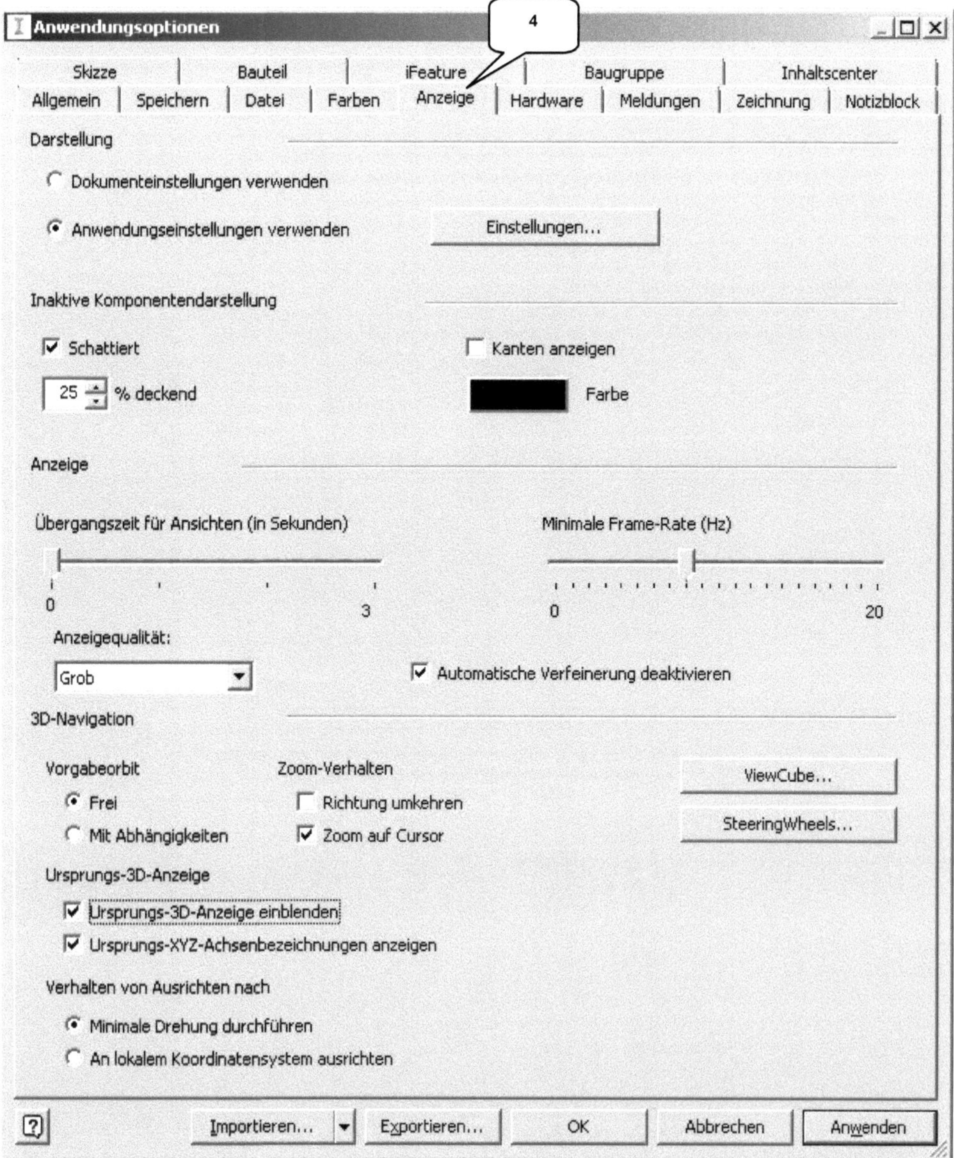
4
Anwendungsoptionen
Skizze
Bauteil
iFeature
Baugruppe
Inhaltscenter
Allgemein
Speichern
Datei
Farben
Anzeige
Hardware
Meldungen
Zeichnung
Notizblock
Darstellung
Dokumenteinstellungen verwenden
Anwendungseinstellungen verwenden
Einstellungen...
Inaktive Komponentendarstellung
Schattiert
Kanten anzeigen
25 % deckend
Farbe
Anzeige
Übergangszeit für Ansichten (in Sekunden)
Minimale Frame-Rate (Hz)
0
3
0
20
Anzeigequalität:
Grob
Automatische Verfeinerung deaktivieren
3D-Navigation
Vorgabeorbit
Zoom-Verhalten
ViewCube...
Frei
Richtung umkehren
Mit Abhängigkeiten
Zoom auf Cursor
SteeringWheels...
Ursprungs-3D-Anzeige
Ursprungs-3D-Anzeige einblenden
Ursprungs-XYZ-Achsenbezeichnungen anzeigen
Verhalten von Ausrichten nach
Minimale Drehung durchführen
An lokalem Koordinatensystem ausrichten
Importieren...
Exportieren...
OK
Abbrechen
Anwenden

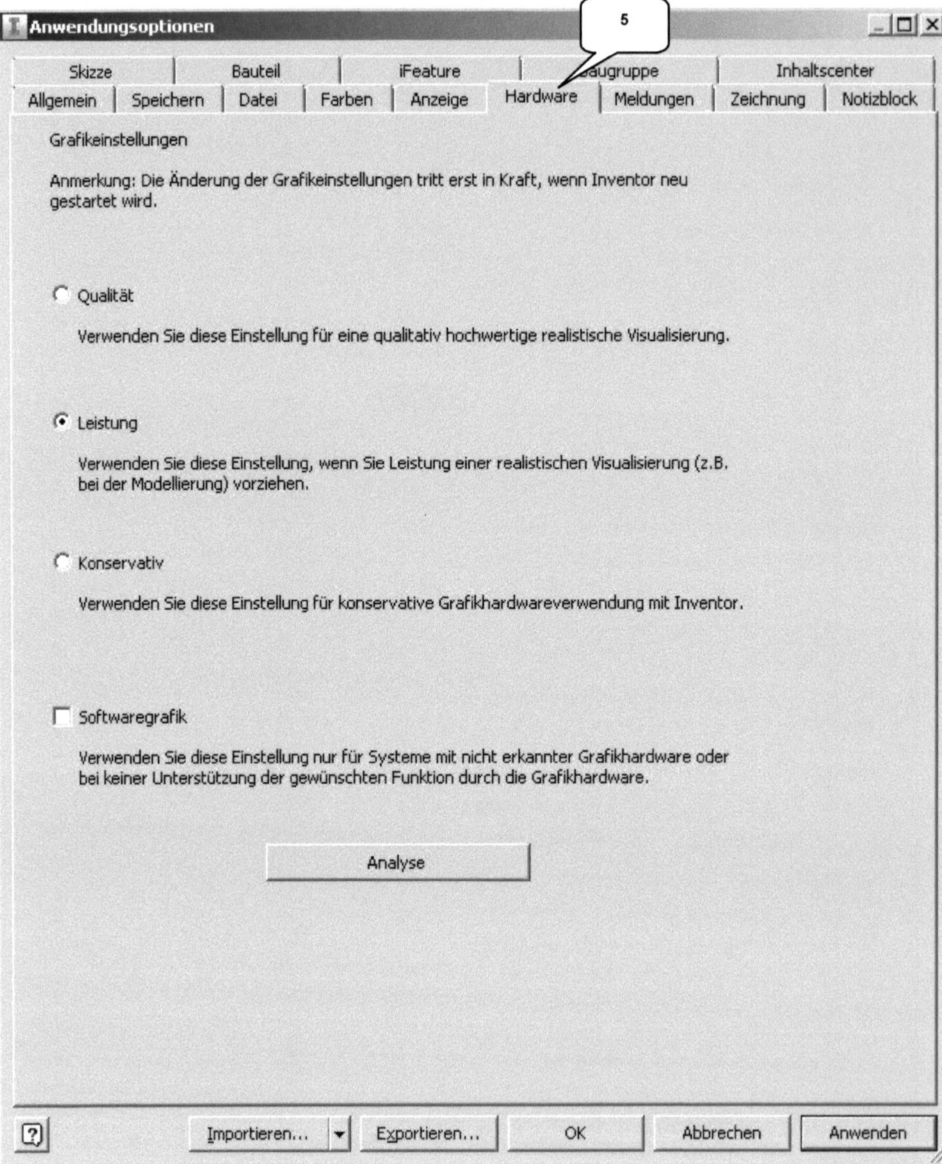

5
Anwendungsoptionen

Skizze
Bauteil
iFeature
Baugruppe
Inhaltscenter
Allgemein   Speichern   Datei   Farben   Anzeige   Hardware   Meldungen   Zeichnung   Notizblock

Grafikeinstellungen

Anmerkung: Die Änderung der Grafikeinstellungen tritt erst in Kraft, wenn Inventor neu gestartet wird.

Qualität

Verwenden Sie diese Einstellung für eine qualitativ hochwertige realistische Visualisierung.

Leistung

Verwenden Sie diese Einstellung, wenn Sie Leistung einer realistischen Visualisierung (z.B. bei der Modellierung) vorziehen.

Konservativ

Verwenden Sie diese Einstellung für konservative Grafikhardwareverwendung mit Inventor.

Softwaregrafik

Verwenden Sie diese Einstellung nur für Systeme mit nicht erkannter Grafikhardware oder bei keiner Unterstützung der gewünschten Funktion durch die Grafikhardware.

Analyse

Importieren...   Exportieren...   OK   Abbrechen   Anwenden

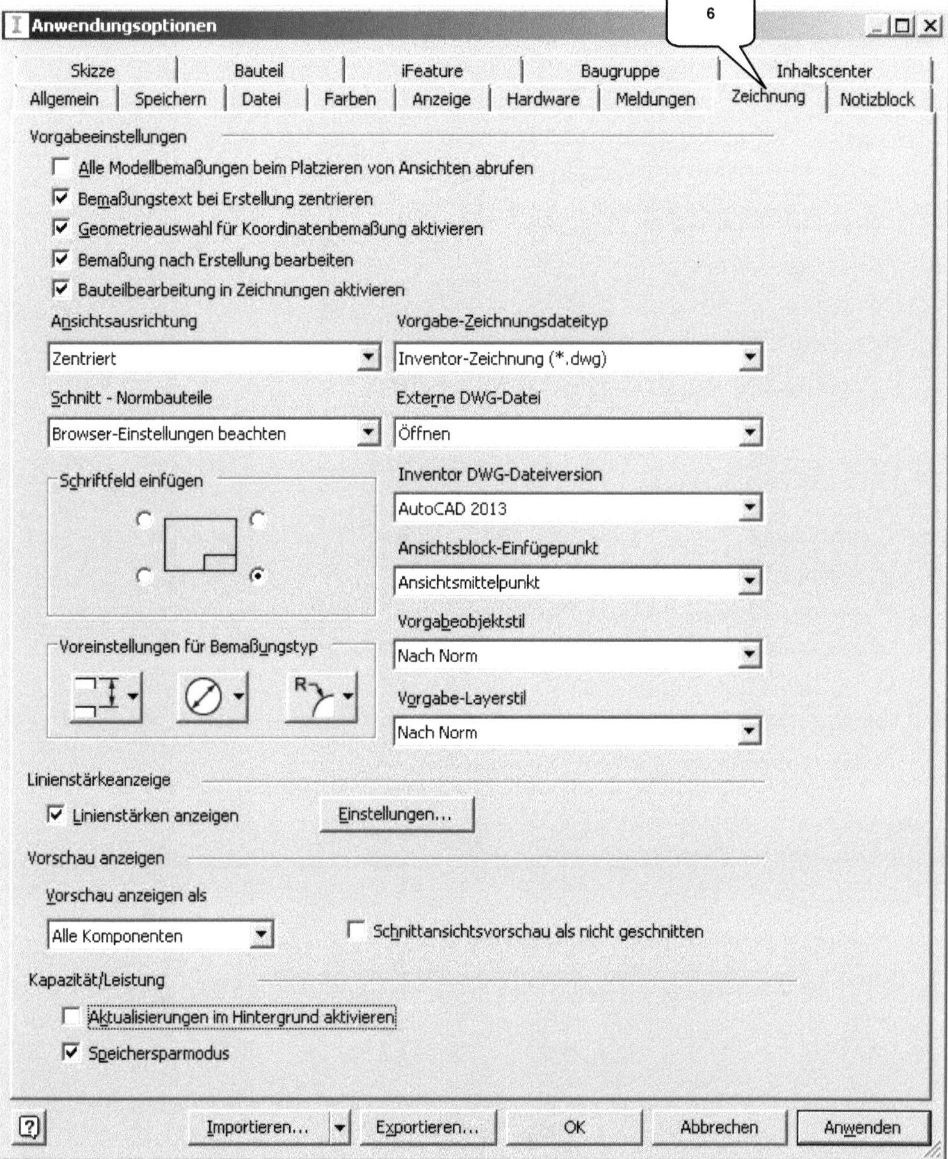
6

Anwendungsoptionen

Skizze | Bauteil | iFeature | Baugruppe | Inhaltscenter
Allgemein | Speichern | Datei | Farben | Anzeige | Hardware | Meldungen | Zeichnung | Notizblock

Vorgabeeinstellungen

Alle Modellbemaßungen beim Platzieren von Ansichten abrufen
Bemaßungstext bei Erstellung zentrieren
Geometrieauswahl für Koordinatenbemaßung aktivieren
Bemaßung nach Erstellung bearbeiten
Bauteilbearbeitung in Zeichnungen aktivieren

Ansichtsausrichtung
Zentriert

Schnitt - Normbauteile
Browser-Einstellungen beachten

Schriftfeld einfügen

Voreinstellungen für Bemaßungstyp

Vorgabe-Zeichnungsdateityp
Inventor-Zeichnung (*.dwg)

Externe DWG-Datei
Öffnen

Inventor DWG-Dateiversion
AutoCAD 2013

Ansichtsblock-Einfügepunkt
Ansichtsmittelpunkt

Vorgabeobjektstil
Nach Norm

Vorgabe-Layerstil
Nach Norm

Linienstärkeanzeige
Linienstärken anzeigen   Einstellungen...

Vorschau anzeigen
Vorschau anzeigen als
Alle Komponenten   Schnittansichtsvorschau als nicht geschnitten

Kapazität/Leistung
Aktualisierungen im Hintergrund aktivieren
Speichersparmodus

Importieren...   Exportieren...   OK   Abbrechen   Anwenden

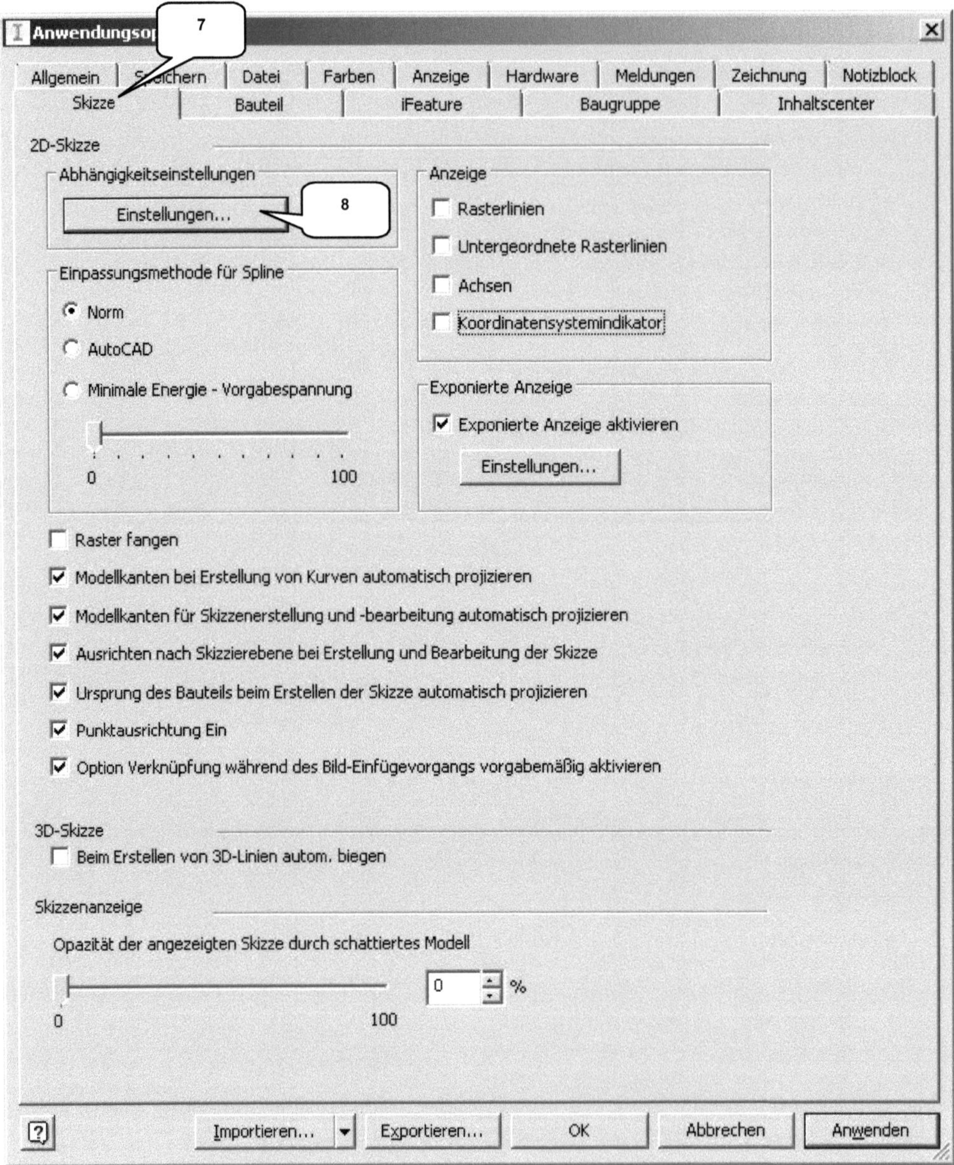
Anwendungsop
7
8
Allgemein | Speichern | Datei | Farben | Anzeige | Hardware | Meldungen | Zeichnung | Notizblock
Skizze | Bauteil | iFeature | Baugruppe | Inhaltscenter
2D-Skizze
Abhängigkeitseinstellungen
Einstellungen...
Einpassungsmethode für Spline
Norm
AutoCAD
Minimale Energie - Vorgabespannung
0
100
Anzeige
Rasterlinien
Untergeordnete Rasterlinien
Achsen
Koordinatensystemindikator
Exponierte Anzeige
Exponierte Anzeige aktivieren
Einstellungen...
Raster fangen
Modellkanten bei Erstellung von Kurven automatisch projizieren
Modellkanten für Skizzenerstellung und -bearbeitung automatisch projizieren
Ausrichten nach Skizzierebene bei Erstellung und Bearbeitung der Skizze
Ursprung des Bauteils beim Erstellen der Skizze automatisch projizieren
Punktausrichtung Ein
Option Verknüpfung während des Bild-Einfügevorgangs vorgabemäßig aktivieren
3D-Skizze
Beim Erstellen von 3D-Linien autom. biegen
Skizzenanzeige
Opazität der angezeigten Skizze durch schattiertes Modell
0
100
0 %
Importieren... | Exportieren... | OK | Abbrechen | Anwenden

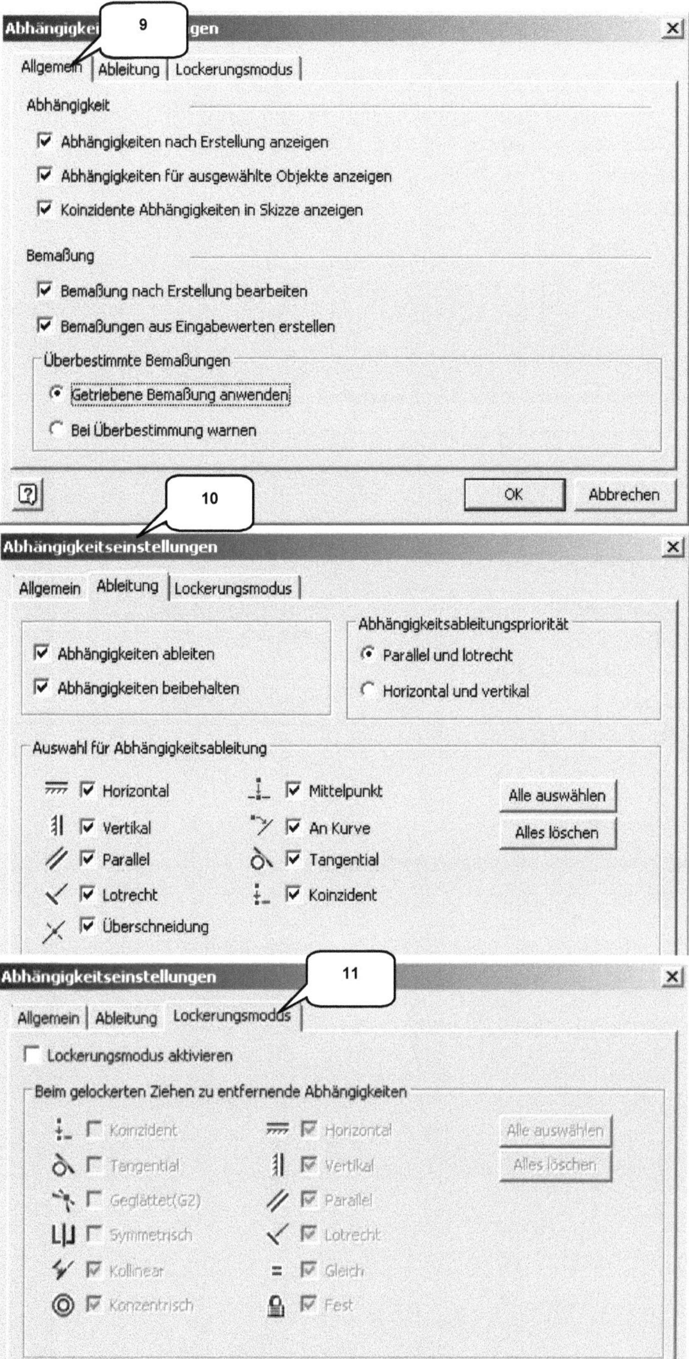
Abhängigkeigen
9
Allgemein | Ableitung | Lockerungsmodus
Abhängigkeit
Abhängigkeiten nach Erstellung anzeigen
Abhängigkeiten für ausgewählte Objekte anzeigen
Koinzidente Abhängigkeiten in Skizze anzeigen
Bemaßung
Bemaßung nach Erstellung bearbeiten
Bemaßungen aus Eingabewerten erstellen
Überbestimmte Bemaßungen
Getriebene Bemaßung anwenden
Bei Überbestimmung warnen
OK   Abbrechen
10
Abhängigkeitseinstellungen
Allgemein | Ableitung | Lockerungsmodus
Abhängigkeiten ableiten
Abhängigkeiten beibehalten
Abhängigkeitsableitungspriorität
Parallel und lotrecht
Horizontal und vertikal
Auswahl für Abhängigkeitsableitung
Horizontal   Mittelpunkt
Vertikal   An Kurve
Parallel   Tangential
Lotrecht   Koinzident
Überschneidung
Alle auswählen
Alles löschen
11
Abhängigkeitseinstellungen
Allgemein | Ableitung | Lockerungsmodus
Lockerungsmodus aktivieren
Beim gelockerten Ziehen zu entfernende Abhängigkeiten
Koinzident   Horizontal
Tangential   Vertikal
Geglättet(G2)   Parallel
Symmetrisch   Lotrecht
Kollinear   Gleich
Konzentrisch   Fest
Alle auswählen
Alles löschen

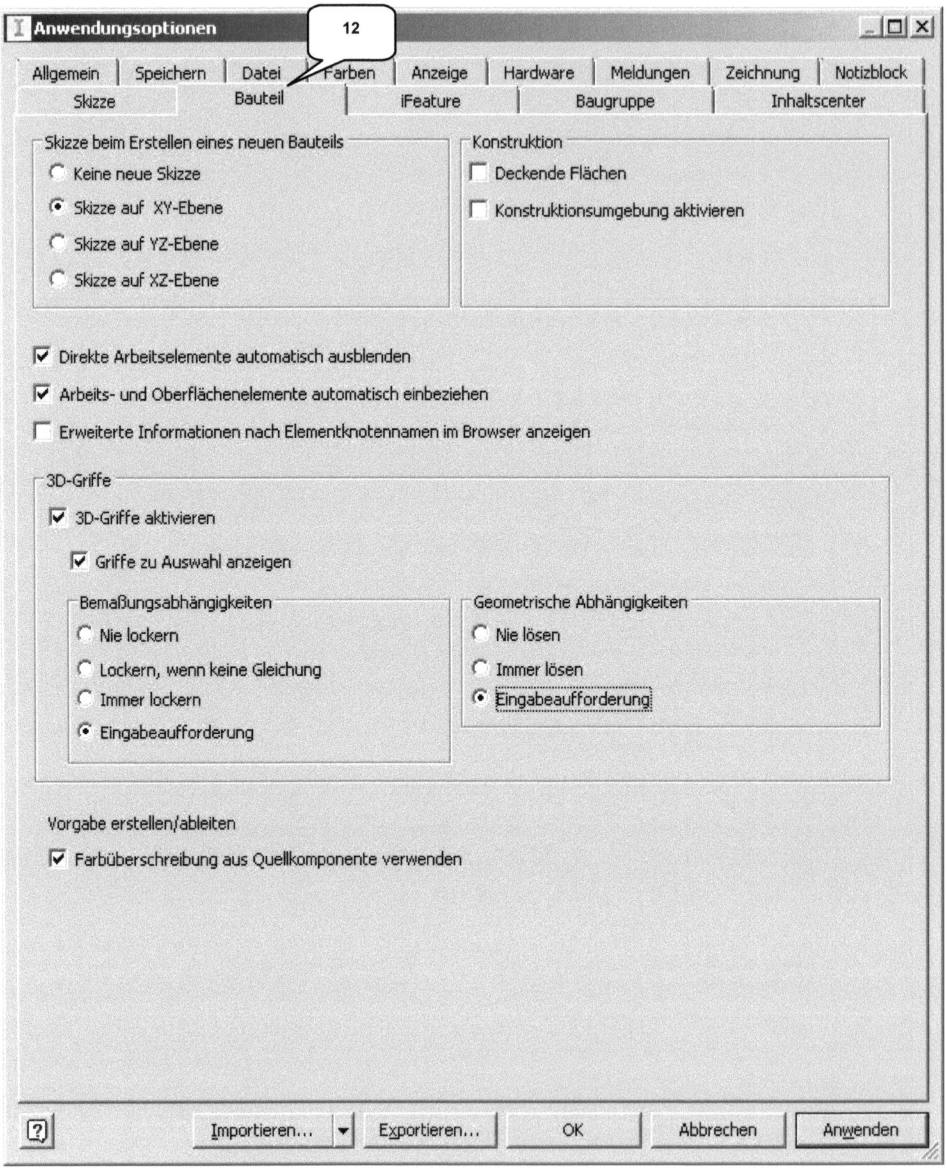

Anwendungsoptionen

12

Tabs: Allgemein | Speichern | Datei | Farben | Anzeige | Hardware | Meldungen | Zeichnung | Notizblock
Skizze | **Bauteil** | iFeature | Baugruppe | Inhaltscenter

Skizze beim Erstellen eines neuen Bauteils
- ○ Keine neue Skizze
- ● Skizze auf XY-Ebene
- ○ Skizze auf YZ-Ebene
- ○ Skizze auf XZ-Ebene

Konstruktion
- ☐ Deckende Flächen
- ☐ Konstruktionsumgebung aktivieren

☑ Direkte Arbeitselemente automatisch ausblenden

☑ Arbeits- und Oberflächenelemente automatisch einbeziehen

☐ Erweiterte Informationen nach Elementknotennamen im Browser anzeigen

3D-Griffe
☑ 3D-Griffe aktivieren
   ☑ Griffe zu Auswahl anzeigen

Bemaßungsabhängigkeiten
- ○ Nie lockern
- ○ Lockern, wenn keine Gleichung
- ○ Immer lockern
- ● Eingabeaufforderung

Geometrische Abhängigkeiten
- ○ Nie lösen
- ○ Immer lösen
- ● Eingabeaufforderung

Vorgabe erstellen/ableiten
☑ Farbüberschreibung aus Quellkomponente verwenden

Importieren... ▼ | Exportieren... | OK | Abbrechen | Anwenden

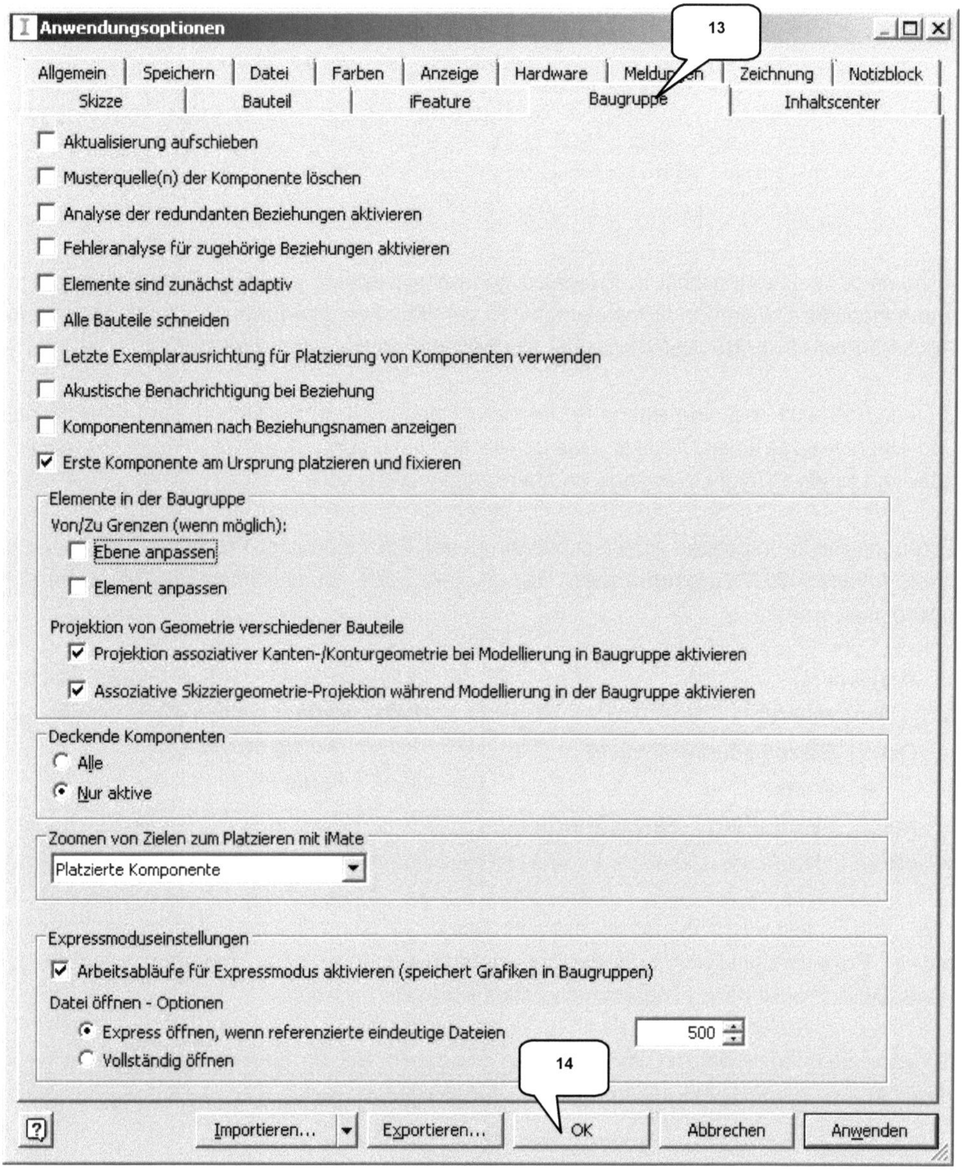

Anwendungsoptionen

13

Allgemein | Speichern | Datei | Farben | Anzeige | Hardware | Meldungen | Zeichnung | Notizblock
Skizze | Bauteil | iFeature | Baugruppe | Inhaltscenter

☐ Aktualisierung aufschieben

☐ Musterquelle(n) der Komponente löschen

☐ Analyse der redundanten Beziehungen aktivieren

☐ Fehleranalyse für zugehörige Beziehungen aktivieren

☐ Elemente sind zunächst adaptiv

☐ Alle Bauteile schneiden

☐ Letzte Exemplarausrichtung für Platzierung von Komponenten verwenden

☐ Akustische Benachrichtigung bei Beziehung

☐ Komponentennamen nach Beziehungsnamen anzeigen

☑ Erste Komponente am Ursprung platzieren und fixieren

Elemente in der Baugruppe
Von/Zu Grenzen (wenn möglich):
   ☐ Ebene anpassen
   ☐ Element anpassen

Projektion von Geometrie verschiedener Bauteile
   ☑ Projektion assoziativer Kanten-/Konturgeometrie bei Modellierung in Baugruppe aktivieren
   ☑ Assoziative Skizziergeometrie-Projektion während Modellierung in der Baugruppe aktivieren

Deckende Komponenten
   ○ Alle
   ● Nur aktive

Zoomen von Zielen zum Platzieren mit iMate
Platzierte Komponente ▼

Expressmoduseinstellungen
   ☑ Arbeitsabläufe für Expressmodus aktivieren (speichert Grafiken in Baugruppen)
   Datei öffnen - Optionen
   ● Express öffnen, wenn referenzierte eindeutige Dateien   500
   ○ Vollständig öffnen

14

? | Importieren... ▼ | Exportieren... | OK | Abbrechen | Anwenden

5 Erstellen eines Einzelbenutzerprojekts

In Inventor® sollte möglichst in Projekten gearbeitet werden, um die Koordination zusammenhängender Dateien und Einstellungen zu vereinfachen. Hierfür bietet das Programm im Register **Erste Schritte** (Befehlsgruppe **Starten**) den Befehl **Projekte** (1).

Zu jedem Projekt wird eine eigene Projektdatei (*.ipj) erzeugt. Sie sichert alle Informationen und Querverweise eines Projekts. Das ist wichtig, wenn später komplexe Projekte archiviert oder von einem PC auf einen anderen übertragen werden sollen.

Erzeugen Sie im folgenden Arbeitsschritt ein neues Einzelbenutzer-Projekt mit der Bezeichnung **Inventor-2017-Hubschrauber**. Das Projekt sollte im gleichnamigen Projektordner gespeichert werden.

> **Projekte** (1)
> `Neu` **Neu** (2)
> Option: **Einzelbenutzer-Projekt**
> `Weiter` **Weiter**
> Name: **Inventor-2017- Hubschrauber** (3)

> `...` Projektordner: Ordner **Inventor-2017-Hubschrauber** wählen (4)
> `Fertig stellen` **Fertig stellen** (5)
> `Fertig` **Fertig** (6)

Das neue Projekt wird automatisch aktiviert, was durch einen kleinen Haken in der Zeile des aktiven Projekts signalisiert wird. Bei der späteren Arbeit mit dem Programm sollte das jeweils aktive Projekt nach Programmstart stets kontrolliert werden.

So kann vermieden werden, dass Dateien unbeabsichtigt an einem falschen Speicherort gesichert und damit einem anderen Projekt zugeordnet werden.

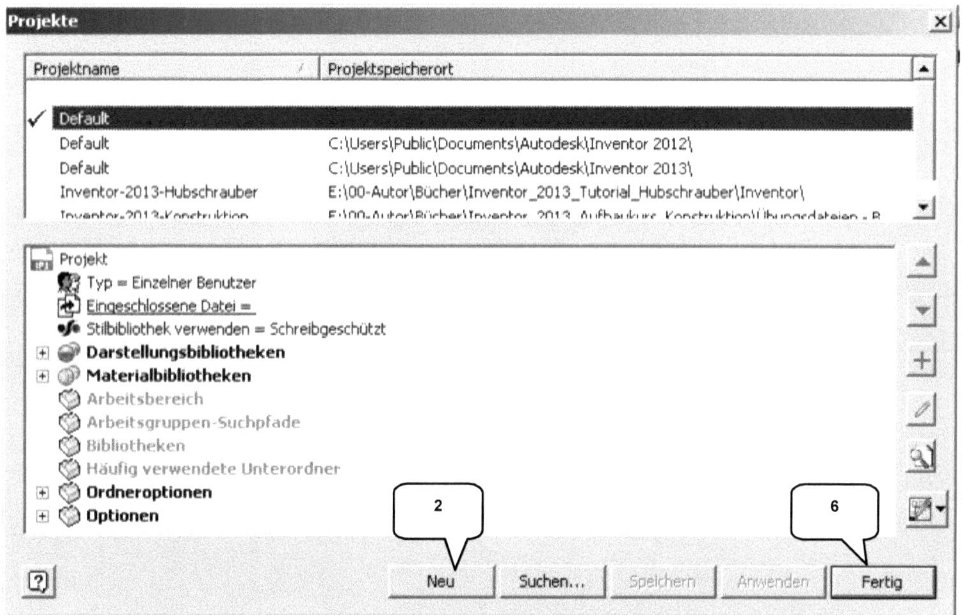

Projekte
Projektname
Projektspeicherort
Default
Default   C:\Users\Public\Documents\Autodesk\Inventor 2012\
Default   C:\Users\Public\Documents\Autodesk\Inventor 2013\
Inventor-2013-Hubschrauber   E:\00-Autor\Bücher\Inventor_2013_Tutorial_Hubschrauber\Inventor\
Inventor-2013-Konstruktion   E:\00-Autor\Bücher\Inventor_2013_Aufbaukurs_Konstruktion\Übungsdateien - B
Projekt
Typ = Einzelner Benutzer
Eingeschlossene Datei =
Stilbibliothek verwenden = Schreibgeschützt
Darstellungsbibliotheken
Materialbibliotheken
Arbeitsbereich
Arbeitsgruppen-Suchpfade
Bibliotheken
Häufig verwendete Unterordner
Ordneroptionen
Optionen
2
6
Neu   Suchen...   Speichern   Anwenden   Fertig

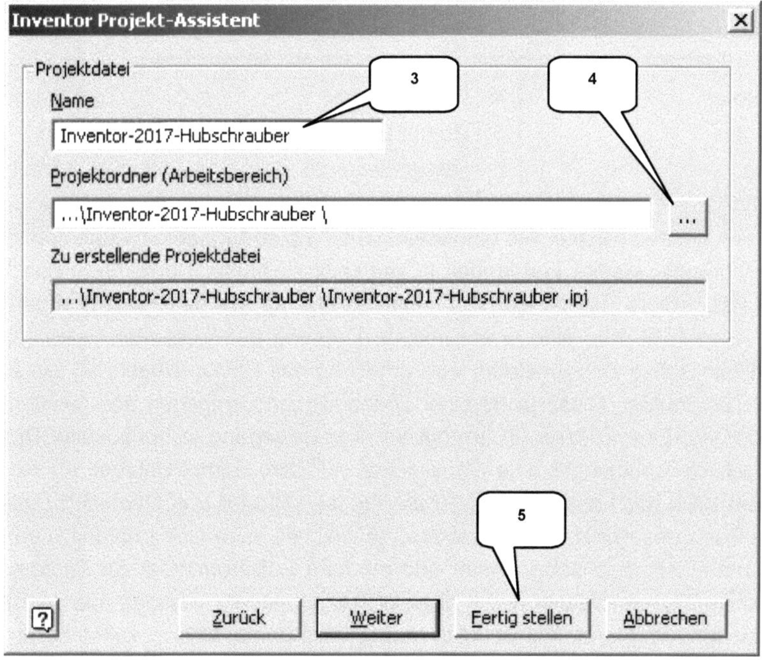

Inventor Projekt-Assistent
Projektdatei
3
4
Name
Inventor-2017-Hubschrauber
Projektordner (Arbeitsbereich)
...\Inventor-2017-Hubschrauber \
Zu erstellende Projektdatei
...\Inventor-2017-Hubschrauber \Inventor-2017-Hubschrauber .ipj
5
Zurück   Weiter   Fertig stellen   Abbrechen

6 Aufbau und Funktion des Spielzeughubschraubers

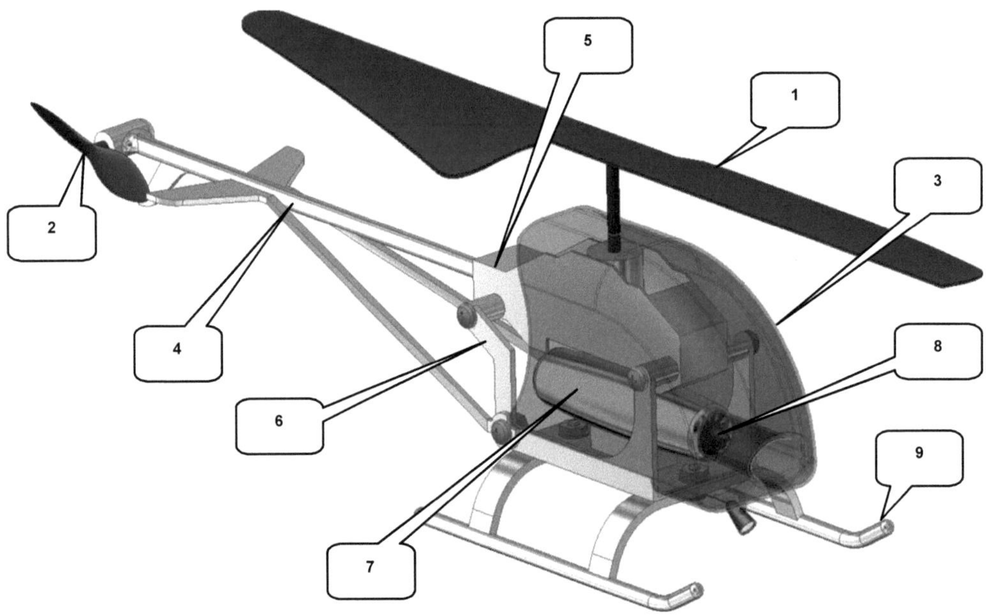

1. Hauptrotor	4. Heckausleger	7. Turbinengehäuse
2. Heckrotor	5. Rumpf-Oberteil	8. Turbine
3. Kabine	6. Rumpf-Unterteil	9. Landegestell

Im folgenden Übungsbeispiel soll ein vereinfachter Spielzeughubschrauber konstruiert werden. Hubschrauber starten und landen in vertikaler Richtung. Durch Form und Drehbewegung des Hauptrotors (1) wird eine Auftriebskraft erzeugt, die den Hubschrauber beim Starten nach oben hebt. Um eine unerwünschte Drehung des gesamten Hubschraubers um seine vertikale Achse zu vermeiden, wird am Ende des Heckauslegers (4) ein zusätzlicher Heckrotor (2) montiert. Dieser wirkt einer Drehbewegung entgegen und gewährleistet eine stabile Führung. Eine Turbine (8) ermöglicht eine Bewegung in horizontaler Richtung. Sie befindet sich im Turbinengehäuse (7), welches auf dem Rumpf-Unterteil (6) montiert wird, an welchem auch das Landegestell (8) befestigt ist. Unterteil und Oberteil (5) des Rumpfes bilden die Basis des Konstruktionsobjektes, an welches auch eine Kabine (3) montiert wird. Diese ist mit einem Suchscheinwerfer und mit dem Luftstromkanal zur Turbine versehen. Die einzelnen Bauteile werden durch diverse Schraubenverbindungen aus dem Inhaltscenter miteinander verbunden. Alle Bauteile (außer der Kabine) sind zu konstruieren. Die Kabine selbst ist als vorgefertigtes Bauteil bereits vorhanden.

7 Bauteil: Rumpf-Unterteil

7.1 Erstellen einer neuen Datei und Projizieren der Hauptachsen

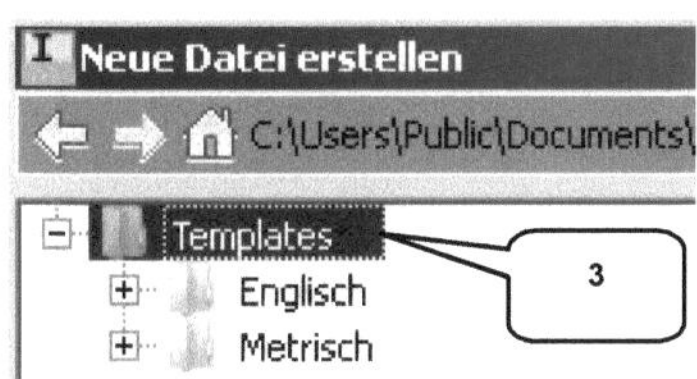

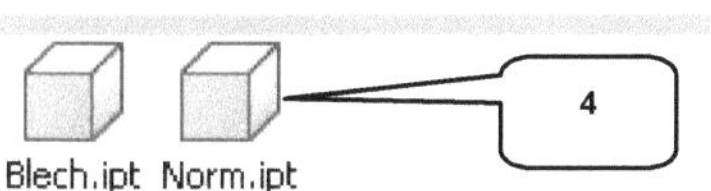

Nachdem die Anwendungsoptionen und Zusatzmodule konfiguriert und das neue Projekt erzeugt wurden, kann mit der Erstellung des ersten Bauteils begonnen werden. Im Register **Erste Schritte** (1) ist der Befehl **Neu** (2) zu starten. Im Fenster **Neue Datei erstellen** befinden sich einige vordefinierte Standard-Vorlagen. Diese können grundlegend wie folgt unterschieden werden:

> **Bauteile** (Norm.ipt, Blech.ipt)
> **Baugruppen** (Norm.iam, Schweißkonstruktion.iam)
> **Zeichnungen** (Norm.idw, Norm.dwg)
> **Präsentationen** (Norm.ipn)

Die Bauteile in diesem Buch werden grundlegend aus der Vorlage **Norm.ipt** (4) erstellt, welche jetzt zu öffnen und durch **Erstellen** (5) zu bestätigen ist.

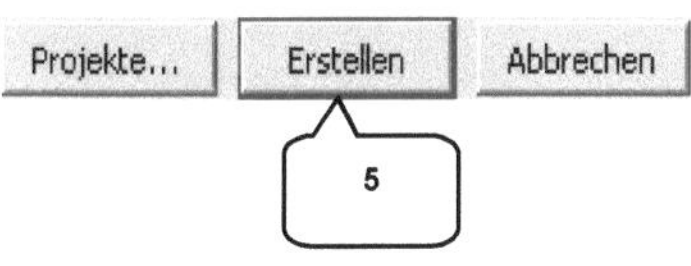

HINWEIS: Wurden die Anwendungsoptionen übernommen wie in den ersten Kapiteln beschrieben, sollte das Programm automatisch eine neue 2D-Skizze auf der XY-Ebene erzeugen und den Skizzenbereich öffnen.

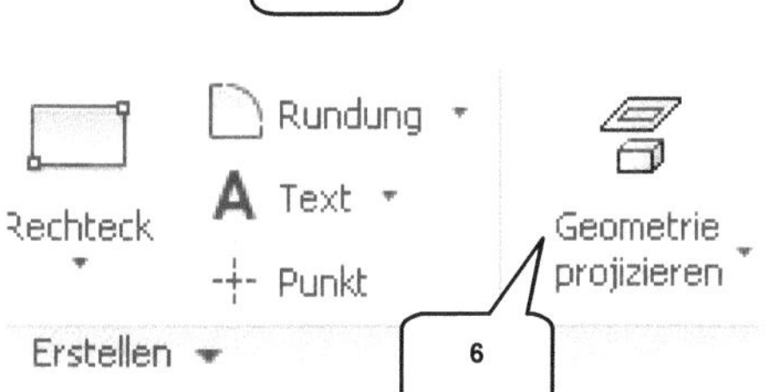

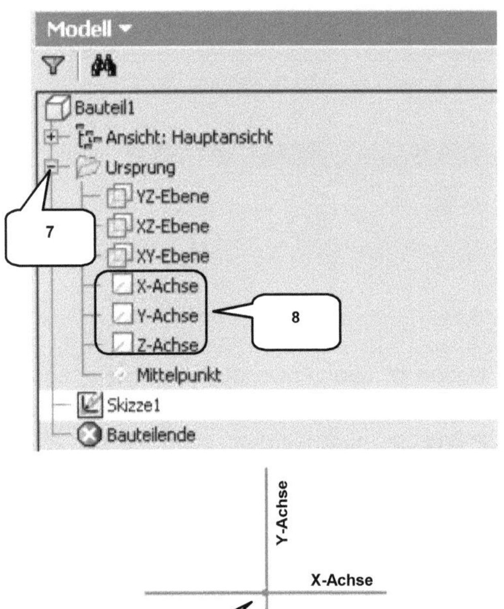

Jede Datei verfügt über ein Koordinatensystem mit drei Hauptachsen (X, Y, Z) und drei Hauptebenen (XY, XZ, YZ). Diese Ursprungselemente spielen eine wichtige Rolle und sollten bereits ab der ersten Skizze in die Konstruktion integriert werden. Da sie nicht standardmäßig in den Skizzen enthalten sind, müssen sie importiert werden. Hierfür wird der Befehl *Geometrie projizieren* (6) verwendet. Dieser Befehl überträgt eine Abbildung der Achsen/ Ebenen in die 2D-Skizze und ermöglicht dadurch deren Verwendung.

- ➢ *Geometrie projizieren* (6)
- ➢ Ordner *Ursprung* im Browser aufklappen (7)
- ➢ Nacheinander die drei Achsen (X, Y, Z) anklicken (8)
- ➢ *Taste: ESC*

Die Achsen werden jetzt im Zeichenbereich dargestellt (9). Dieser erste Arbeitsschritt sollte in <u>jeder</u> neuen Skizze durchgeführt werden, da das rechtzeitige Einbeziehen der Hauptachsen bereits im Skizzenbereich spätere Arbeitsschritte im Modell- und Baugruppenbereich erheblich erleichtern kann. Die *Taste: ESC* (Escape) beendet den Befehl *Geometrie projizieren* und sollte grundsätzlich nach jeder erfolgreichen Anwendung eines Befehles im 2D-Skizzenbereich verwendet werden.

7.2   Zeichnen einer zusammenhängenden Linienkontur

Neue Zeichenelemente werden mit den Befehlen der Befehlsgruppe *Zeichnen* erzeugt. Für die folgende Linienkontur ist der Befehl *Linie* (1) zu verwenden.

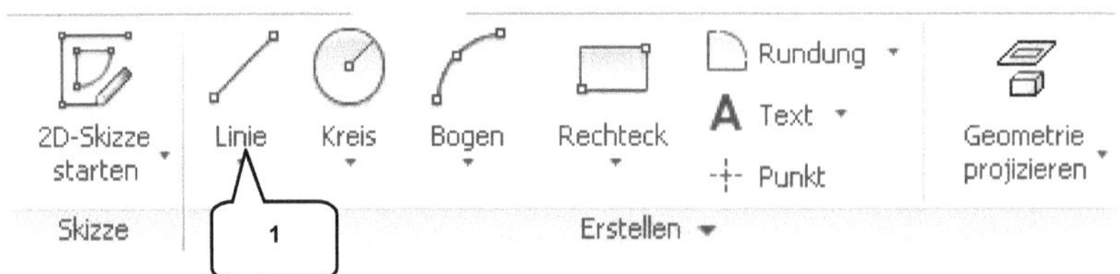

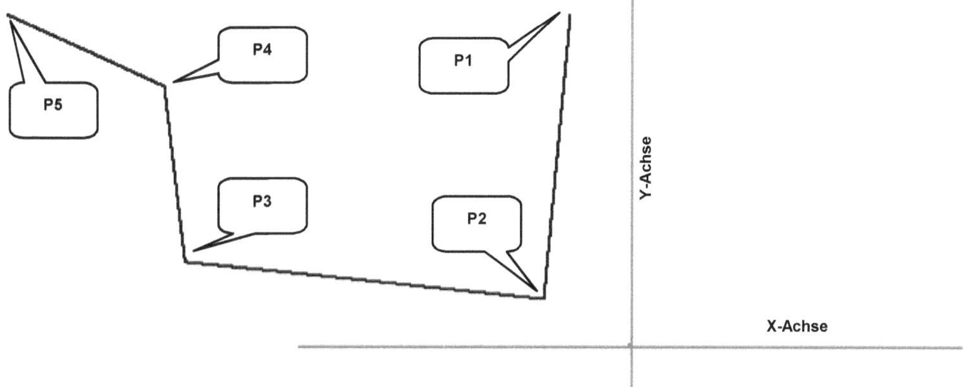

Zeichnen Sie die oben abgebildete Kontur durch das Setzen der einzelnen Punkte (P1) bis (P6) mit der linken Maustaste. Zeichnen Sie die Linien so schräg wie oben dargestellt.

> *Linie* (1)
> Punkt (P1) frei ablegen (linke Maustaste)
> Punkt (P2) frei ablegen

> Punkt (P3) frei ablegen
> Punkt (P4) frei ablegen
> Punkt (P5) frei ablegen
> *Taste: ESC*

7.3 Setzen der Abhängigkeiten

Die einzelnen Liniensegmente sollen jetzt mit Abhängigkeiten versehen werden, wobei zuerst die vertikalen und horizontalen Linien auszurichten sind. In der Befehlsgruppe *Abhängig machen* befinden sich die Abhängigkeiten *Horizontal* (1) und *Vertikal* (2), welche jetzt auf die Linien anzuwenden sind. Die *Taste: ESC* wird den jeweiligen Vorgang sauber beenden. Beachten Sie, dass die Linie (L4) mit keiner der beiden Abhängigkeiten zu versehen ist.

> *Abhängigkeit Horizontal* (1)
> Linie (L2) wählen
> *Taste: ESC*

> *Abhängigkeit Vertikal* (2)
> Linien (L1, L3) wählen
> *Taste: ESC*

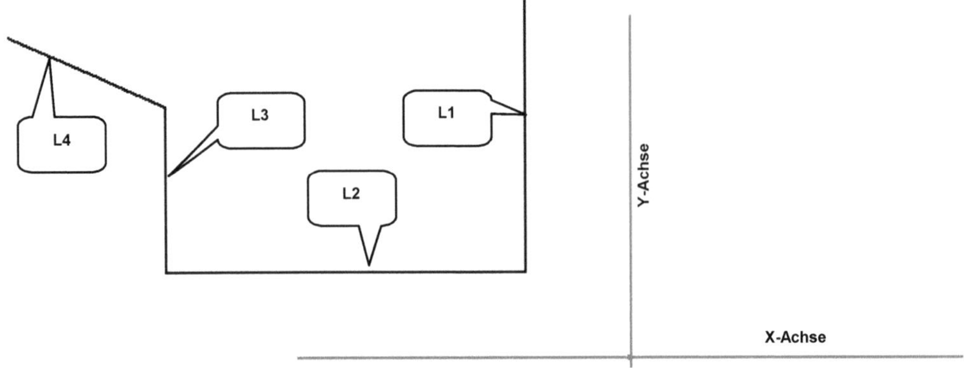

7.4   Bemaßen der Linienkontur

Nach dem Setzen der Abhängigkeiten erfolgt das Bemaßen. Um ein einzelnes Zeichenobjekt (Linie, Bogen, Kreis) zu bemaßen, ist dieses nach Start des Befehls **Bemaßung** (1) auszuwählen und das Maß anschließend abzulegen. Die Eingabe der der Maßzahl ändert die Objektgröße, den Abstand oder die geometrische Ausrichtung. Um zwei Zeichenelemente in deren Lage zueinander zu bemaßen, müssen beide Objekte nacheinander angewählt und das Maß anschließend abgelegt und bearbeitet werden. Im folgenden Schritt sind die Längen der einzelnen Linienabschnitte (L1) bis (L5) zu definieren.

- ➤ **Bemaßung** (1)
- ➤ Linie (L1) anklicken (linke Maustaste)
- ➤ Maß an Position (2) ablegen (linke Maustaste)
- ➤ Länge: [20 mm]
- ➤ **Taste: ENTER**

- ➤ Linie (L2) anklicken
- ➤ Maß an Position (3) ablegen
- ➤ Länge: [38 mm]
- ➤ **Taste: ENTER**

- ➤ Linie (L3) anklicken
- ➤ Maß an Position (4) ablegen
- ➤ Länge: [14 mm]
- ➤ **Taste: ENTER**
- ➤ **Taste: ESC**

Eine horizontale oder vertikale Bemaßung einer Linie kann also durch Ablegen des Maßes oberhalb/unterhalb oder rechts/links neben dem Objekt erzeugt werden. Muss eine Bemaßung an einem Objekt ausgerichtet werden (z. B. Linie L5), ist dies separat festzulegen. Vor dem Ablegen des Maßes ist hier die Option **Ausgerichtet** im Kontextmenü der rechten Maustaste zu aktivieren.

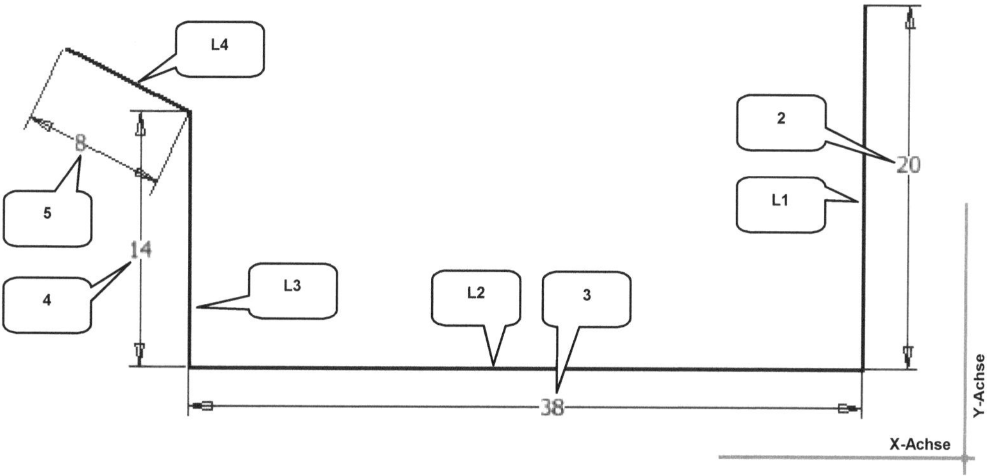

➢ **Bemaßung** (1)	➢ Maß an Position (5) ablegen
➢ Linie (L4) anklicken	➢ Länge: [8 mm]
➢ Rechte Maustaste drücken	➢ **Taste: ENTER**
➢ Option: Ausgerichtet	➢ **Taste: ESC**

HINWEIS: Um ein Maß an einer Linie auszurichten, muss nach der Auswahl der Linie und vor dem Ablegen des Maßes die Option **Ausgerichtet** im Kontextmenü der rechten Maustaste aktiviert werden.

Die Linien (L3) und (L4) sind jetzt in einem Winkel von 120° zueinander anzuordnen. Anschließend soll die gesamte Linienkontur mit dem Punkt (P2) auf den Koordinatenursprung (P0) gelegt werden, wofür die Abhängigkeit **Koinzident** (7) zu verwenden ist.

➢ **Bemaßung** (1)	➢ Winkel: [120°]
➢ Linie (L3) anklicken	➢ **Taste: ENTER**
➢ Linie (L4) anklicken	➢ **Taste: ESC**
➢ Maß an Position (6) ablegen	

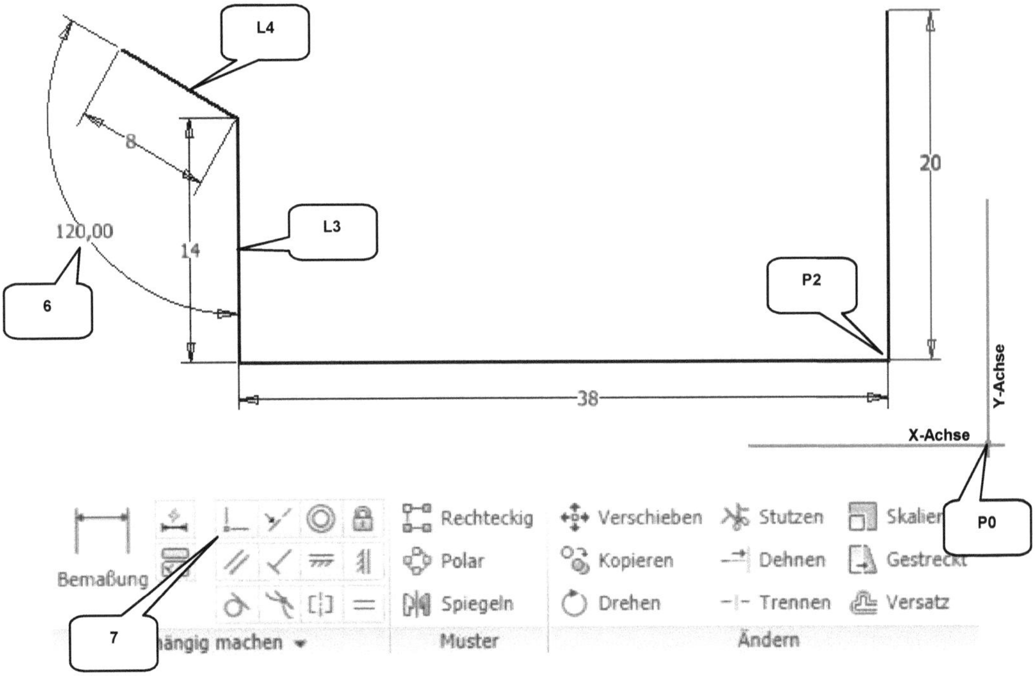

> **_Abhängigkeit Koinzident_** (7)
> Punkt (P2) wählen

> Koordinatenursprung (P0) wählen
> **_Taste: ESC_**

Die gesamte Skizzenkontur ist jetzt (bezogen auf das Koordinatensystem) in Position und Lage vollständig definiert, was im unteren rechten Bereich des Bildschirms durch die Meldung **_Skizze voll bestimmt_** (8) signalisiert wird.

7.5 Erzeugen einer versetzten Kopie der Linienkontur

Nachdem die vorhandene Linienkontur vollständig bemaßt und auf den Koordinaten-ursprungspunkt bezogen befestigt wurde, soll eine versetzte Kopie von der vorhandenen Linienkontur erzeugt werden.

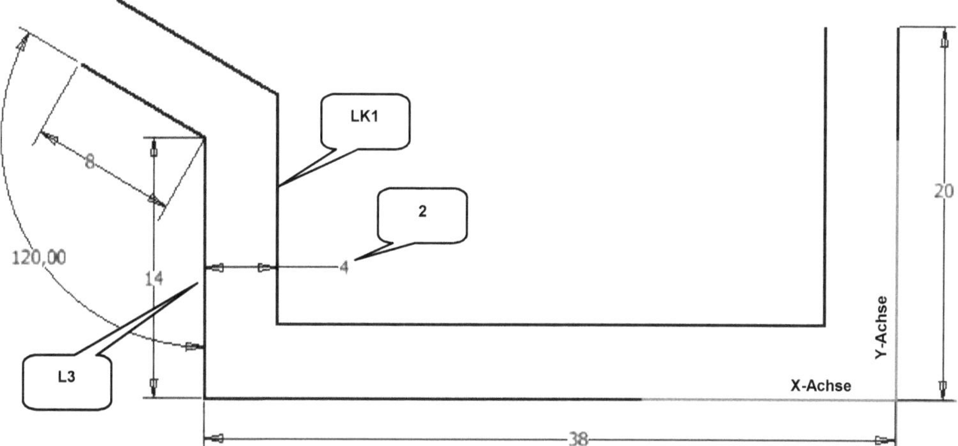

<table>
<tr><td>

- ➤ **Versatz** (1)
- ➤ Linie (L3) wählen
- ➤ Maus nach rechts bewegen
- ➤ Versetzte Kopie der Linienkontur in etwa im Bereich von (LK1) ablegen
- ➤ **Taste: ESC**

</td><td>

- ➤ **Bemaßung** (1)
- ➤ Linie (L3) wählen
- ➤ Versetzte Kopie an Pos. (LK1) wählen
- ➤ Maß an Position (2) ablegen
- ➤ Abstand: [4 mm]
- ➤ **Taste: ENTER**
- ➤ **Taste: ESC**

</td></tr>
</table>

HINWEIS: Möglicherweise stellen Sie bei der Arbeit mit dem Programm fest, dass die eine oder andere Befehlsgruppe nicht vorhanden ist: In diesem Fall ist mit der **rechten Maustas-te** auf eine beliebige Stelle der Multifunktionsleiste (Befehlsleiste) zu klicken, und im Kontextmenü die Option **Gruppen anzeigen** auszuwählen, um darin die fehlende Gruppe zu aktivieren. Diese Möglichkeit existiert in jedem Arbeitsbereich (z. B. Skizzen-, Modell-, Baugruppen-, Zeichnungs- oder Präsentationsbereich).

7.6   Schließen der Kontur mittels Bogens durch drei Punkte

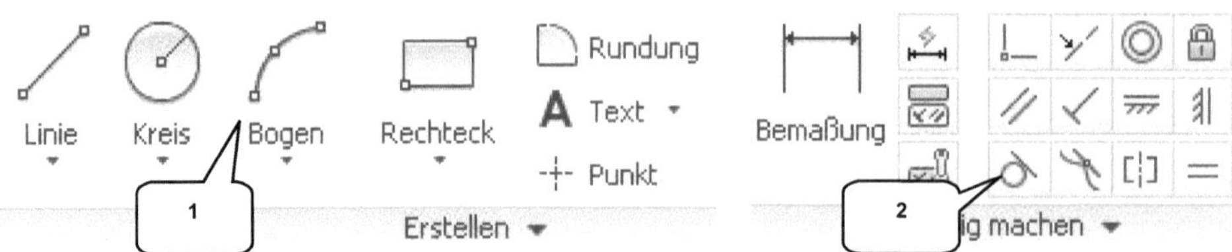

Beide Linienkonturen (Original und Kopie) sind durch den Befehl ***Bogen durch 3 Punkte*** (1) miteinander zu verbinden. Hierbei ist darauf zu achten, dass Start- und Endpunkt des jeweiligen Bogens genau an die Linienenden der Linienkonturen anknüpfen (P1, P2, P4, P5). Dies wird beim Setzen der Bogenpunkte durch einen grünen Punkt am Mauspfeil signalisiert.

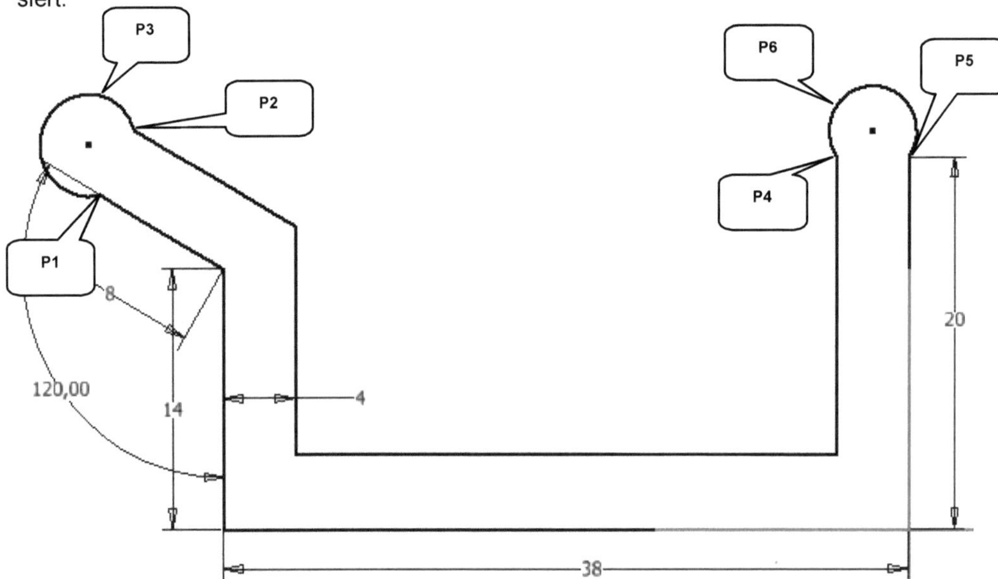

➢ ***Bogen durch 3 Punkte*** (1)	➢ 1. Punkt Bogen 2: Punkt (P4) wählen
➢ 1. Punkt Bogen 1: Punkt (P1) wählen	➢ 2. Punkt Bogen 2: Punkt (P5) wählen
➢ 2. Punkt Bogen 1: Punkt (P2) wählen	➢ 3. Punkt Bogen 2: Punkt frei an Pos. (P6) ablegen
➢ 3. Punkt Bogen 1: Punkt frei an Pos. (P3) ablegen	➢ ***Taste: ESC***

Beide Bögen liegen jeweils mit ihren Start- und Endpunkten auf den Endpunkten der angrenzenden Linienkonturen. Mit tangentialen Abhängigkeiten sollen die Bögen an die vorhandenen Linienkonturen angepasst werden.

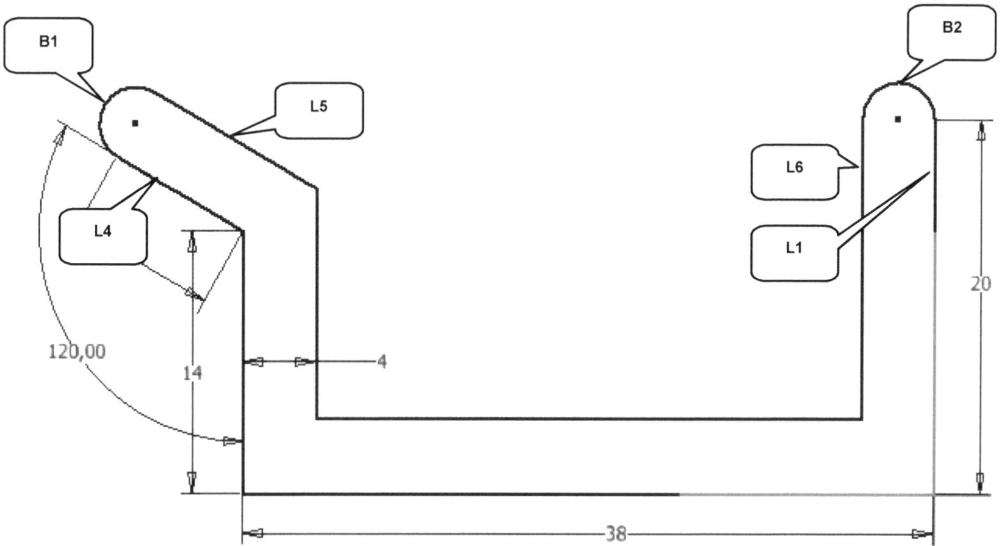

➢ **Abhängigkeit Tangential** (2)	➢ Linie (L6) wählen
➢ Linie (L4) wählen	➢ Bogen (B2) wählen
➢ Bogen (B1) wählen	➢ Linie (L1) wählen
➢ Linie (L5) wählen	➢ Bogen (B2) wählen
➢ Bogen (B1) wählen	➢ **Taste: ESC**

7.7   Ecken abrunden

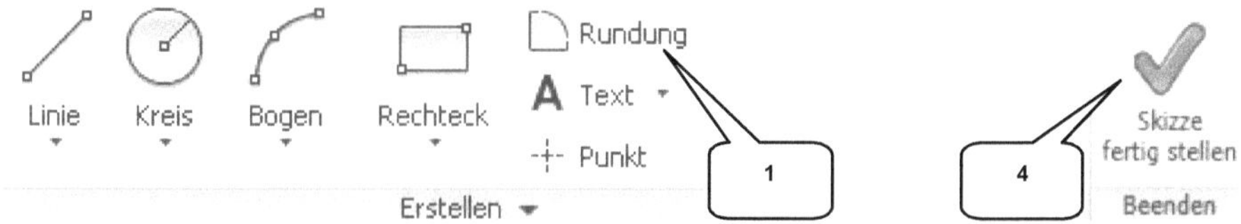

Zwei Ecken sollen jetzt mit dem Befehl **Rundung** (1) bearbeitet werden.

➢ **Rundung** (1)	➢ Radius: [10 mm] (3)
➢ Radius: [3 mm] (2)	➢ Linie (L6) wählen
➢ Linie (L2) wählen	➢ Linie (L7) wählen
➢ Linie (L3) wählen	➢ **Taste: ESC**

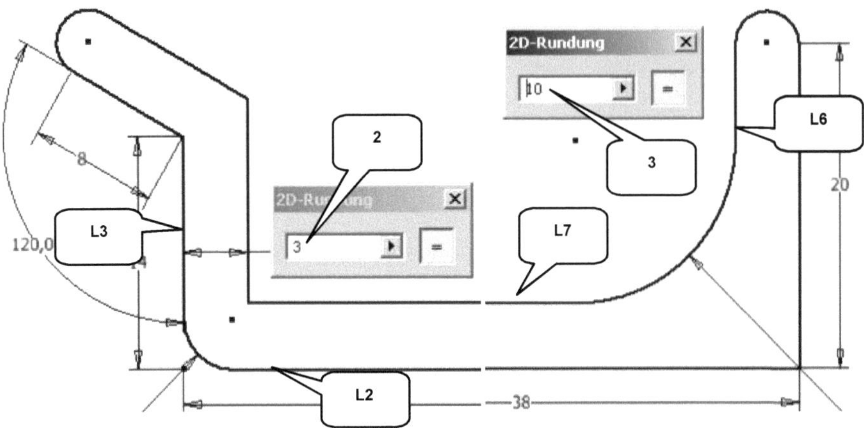

Die Skizze kann jetzt mit **Skizze fertig stellen** (4) beendet werden. Das Programm wechselt automatisch in den 3D-Modellbereich.

7.8 Speichern der Datei

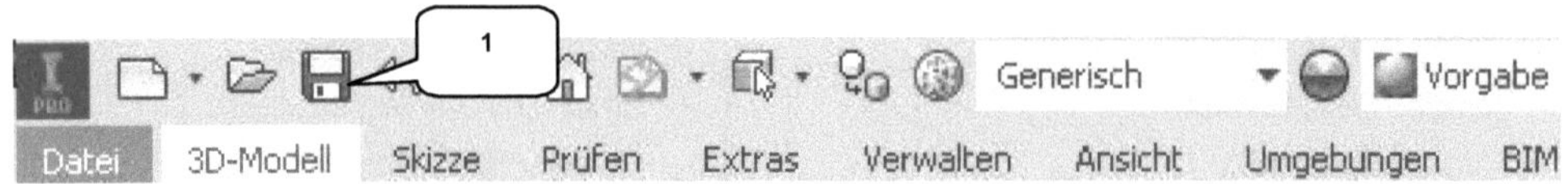

Vor dem nächsten Arbeitsschritt sollte die Datei gesichert werden. In der oberen Menüleiste befindet sich der Befehl **Speichern**. Er öffnet ein Eingabefenster, worin der Dateiname eingetragen werden kann. Es ist darauf zu achten, dass die Datei ebenfalls in den Projektordner gespeichert wird, welcher am Anfang des Buches erzeugt wurde.

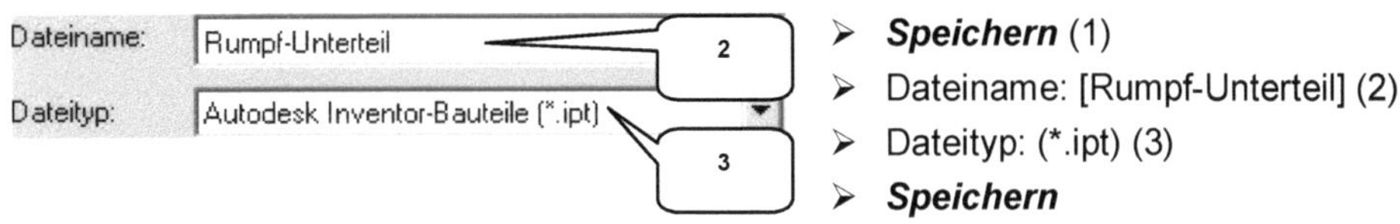

- ➢ **Speichern** (1)
- ➢ Dateiname: [Rumpf-Unterteil] (2)
- ➢ Dateityp: (*.ipt) (3)
- ➢ **Speichern**

HINWEIS: Auch im Modellbereich ist es möglich, dass eine der Befehlsgruppen, die zur Bearbeitung des Übungsobjektes benötigt wird, deaktiviert ist. Dann ist mit der rechten Maustaste auf einen beliebigen Punkt der Befehlsleiste zu klicken und unter der Option **Gruppen anzeigen** die fehlende Befehlsgruppe nachträglich zu aktivieren. Nicht benötigte Gruppen sollten allerdings ausgeblendet bleiben, um eine allzu sehr minimierte Darstellung der einzelnen Befehlsgruppen zu vermeiden.

7.9 Extrudieren der Basiskontur

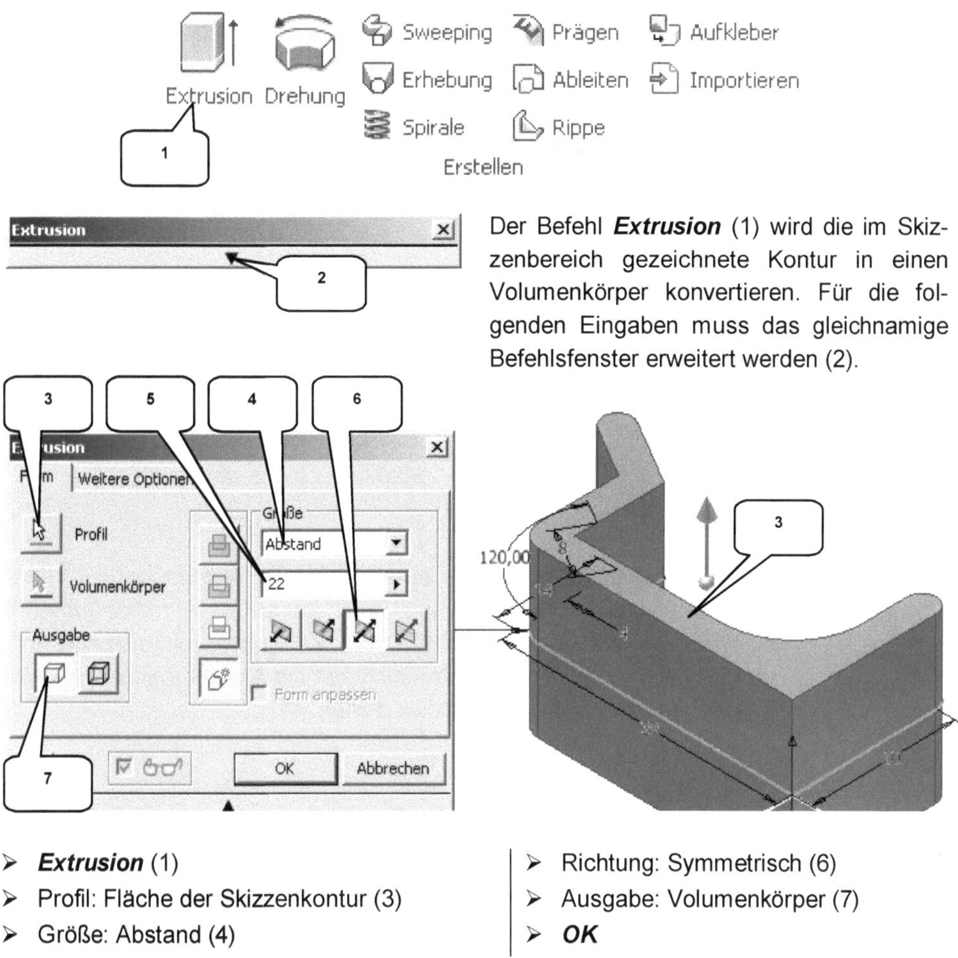

Der Befehl **Extrusion** (1) wird die im Skizzenbereich gezeichnete Kontur in einen Volumenkörper konvertieren. Für die folgenden Eingaben muss das gleichnamige Befehlsfenster erweitert werden (2).

> **Extrusion** (1)
> Profil: Fläche der Skizzenkontur (3)
> Größe: Abstand (4)
> Wert: [22 mm] (5)

> Richtung: Symmetrisch (6)
> Ausgabe: Volumenkörper (7)
> **OK**

HINWEIS: Sollte es Probleme bei der Auswahl der zu extrudierenden Fläche geben, muss noch einmal per Doppelklick in die letzte Skizze gewechselt werden (im Browser auf **Skizze1** doppelklicken! <u>Nicht</u> den Befehl **2D-Skizze starten**, da dieser keine vorhandene Skizze bearbeiten, sondern eine neue Skizze erzeugen würde). Dort ist zu prüfen, ob die Linienkontur vollständig geschlossen ist. Hierfür muss mit der rechten Maustaste auf eine der Linien geklickt und die Option **Kontur schließen** gewählt werden. Dann können die Linien nacheinander angeklickt und eventuell noch vorhandene Lücken geschlossen werden.

7.10 Zeichnen einer Subtraktionsgeometrie

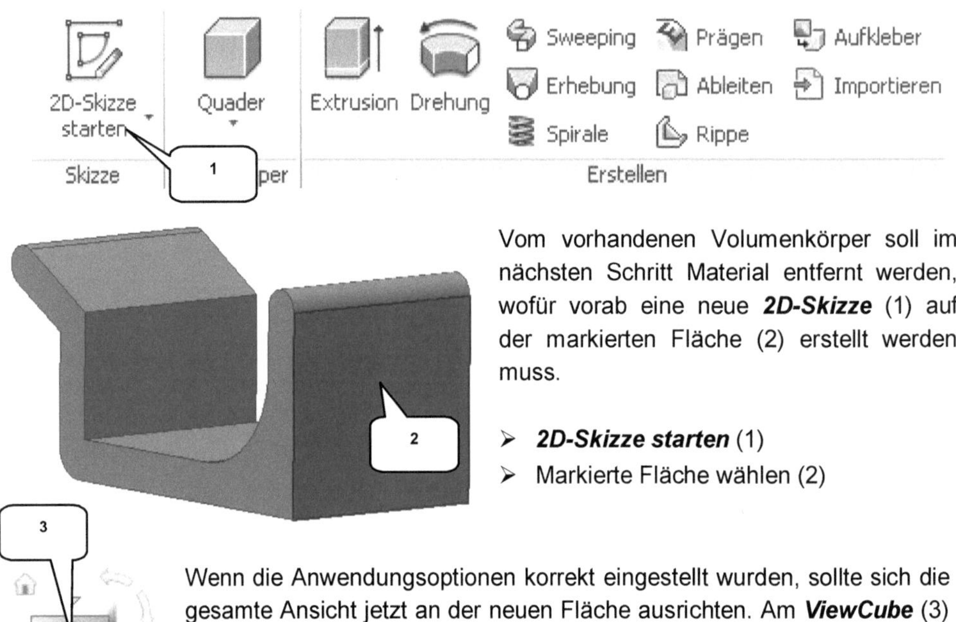

Vom vorhandenen Volumenkörper soll im nächsten Schritt Material entfernt werden, wofür vorab eine neue **2D-Skizze** (1) auf der markierten Fläche (2) erstellt werden muss.

> **2D-Skizze starten** (1)
> Markierte Fläche wählen (2)

Wenn die Anwendungsoptionen korrekt eingestellt wurden, sollte sich die gesamte Ansicht jetzt an der neuen Fläche ausrichten. Am **ViewCube** (3) müsste dann die Ansicht **RECHTS** (um 90° gegen den Uhrzeigersinn gedreht) angezeigt werden. Wenn nicht, ist die Ansicht manuell mit den gebogenen Pfeilen am ViewCube zu drehen.

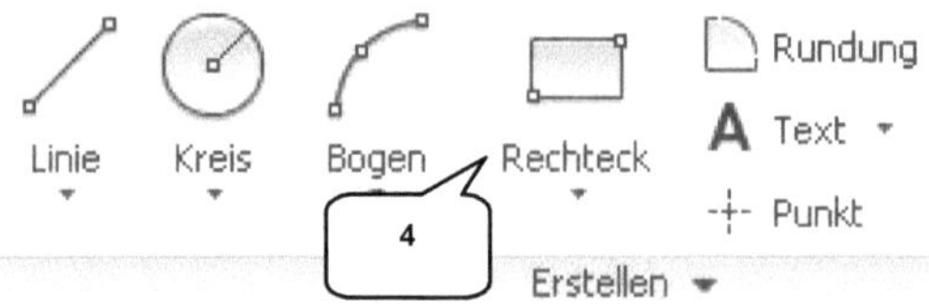

Nach erfolgter Ausrichtung sind dann die 3 Hauptachsen zu projizieren und links neben dem vorhandenen Volumenkörper sowie oberhalb der X-Achse ist ein **Rechteck durch zwei Punkte** (4) zu zeichnen, was anschließend zu bemaßen und zu positionieren ist.

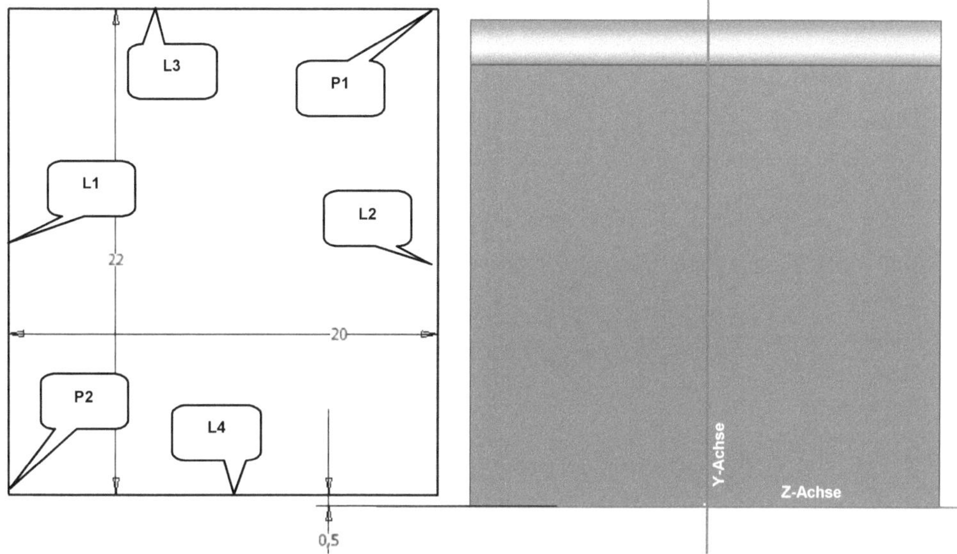

Das Rechteck soll 22 mm hoch sein, 20 mm breit sein, 0,5 mm oberhalb der Z-Achse angeordnet werden und später symmetrisch zur Y-Achse positioniert werden. Höhe und Breite
des Rechtecks sowie Abstand zur Z-Achse sind zu bemaßen, indem der Abstand der entsprechenden Linien zueinander festgelegt wird.

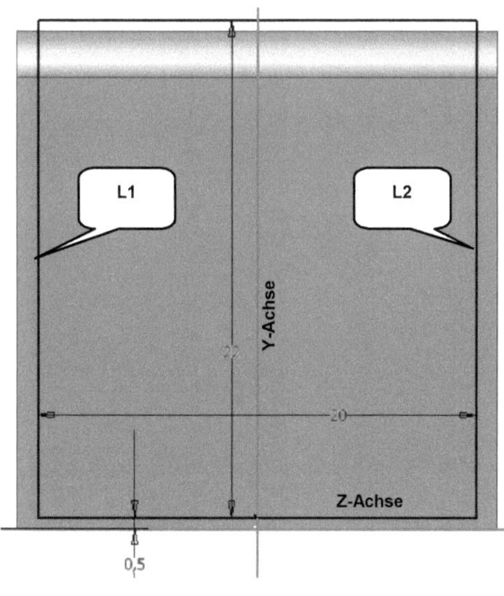

> ***Geometrie projizieren***
> Ordner ***Ursprung*** (Browser) aufklappen
> X-, Y-, Z-Achse nacheinander wählen
> ***Taste: ESC***

> ***Rechteck durch 2 Punkte*** (4)
> Punkt (P1) frei ablegen
> Punkt (P2) frei ablegen
> ***Taste: ESC***

➢ **Bemaßung**
➢ (L1) wählen, dann (L2) wählen
➢ Abstand: [20 mm]
➢ **Taste: ENTER**
➢ (L3) wählen, dann (L4) wählen
➢ Abstand: [22 mm]
➢ **Taste: ENTER**
➢ (L4) wählen, dann projizierte Z-Achse wählen
➢ Abstand: [0,5 mm]
➢ **Taste: ENTER**
➢ **Taste: ESC**

➢ **Abhängigkeit Symmetrisch** (5)
➢ Linie (L1) wählen
➢ Linie (L2) wählen
➢ Projizierte Y-Achse wählen
➢ **Taste: ESC**

➢ **Skizze fertig stellen**

7.11 Extrudieren der Subtraktionsgeometrie

Das gezeichnete Rechteck ist jetzt vom vorhandenen Volumenkörper zu subtrahieren. Da bereits ein Volumenkörper im Bauteil vorhanden ist, stehen neue boolesche Optionen zur Auswahl (Vereinigung, Differenz und Schnittmenge). Zu verwenden ist die Option **Differenz**.

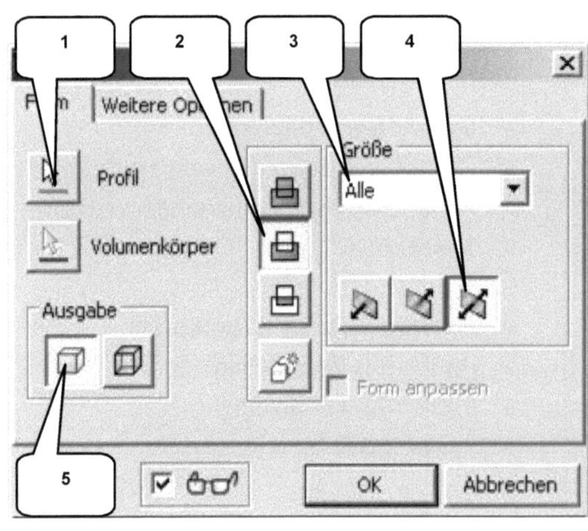

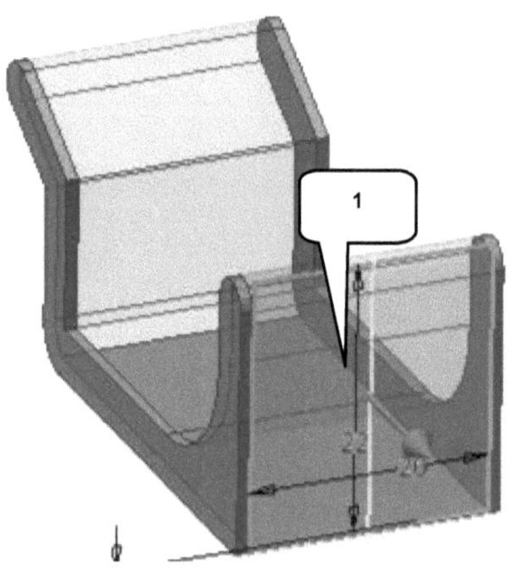

➢ **Extrusion**
➢ Profil: Rechteck (1)
➢ Verfahren: Differenz (2)
➢ Größe: Alle (3)

➢ Richtung: Symmetrisch (4)
➢ Ausgabe: Volumenkörper (5)
➢ **OK**

7.12 Material hinzufügen

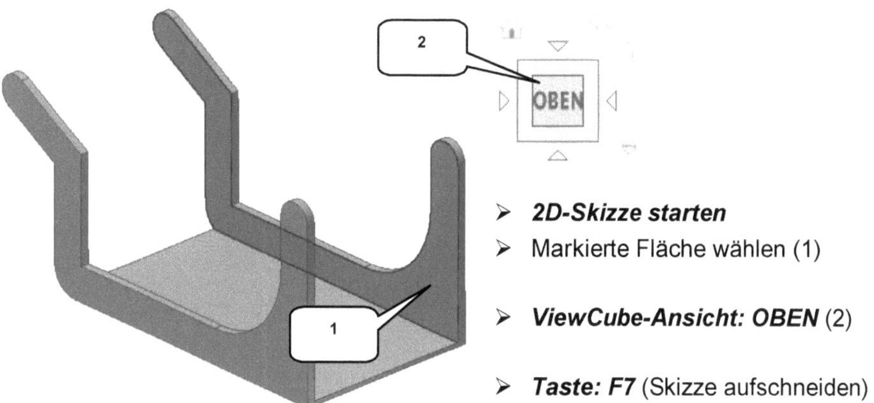

> ***2D-Skizze starten***
> Markierte Fläche wählen (1)

> ***ViewCube-Ansicht: OBEN*** (2)

> ***Taste: F7*** (Skizze aufschneiden)

HINWEIS: Die **_Taste: F7_** ermöglicht ein Freischneiden des Sichtbereiches bis hin zur Skizze. Diese Option ist nur im Skizzenbereich vorhanden.

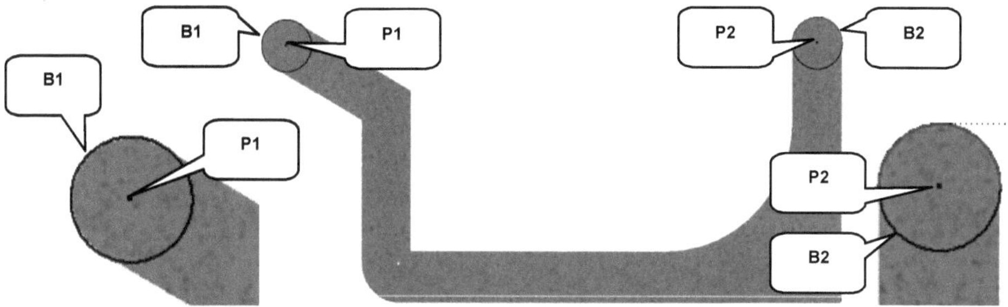

Sollten die Kanten derjenigen Fläche auf welcher die neue Skizze erzeugt wurde nicht automatisch projiziert worden sein, ist dies mittels ***Geometrie projizieren*** manuell nachzuholen. An den abgerundeten Enden muss jetzt jeweils ein ***Kreis durch Mittelpunkt*** (3) gezeichnet werden. Die Mittelpunkte der Kreise liegen auf den jeweiligen projizierten Mittelpunkten der Bogenkanten. Die Durchmesser sind identisch mit jenen der projizierten Bögen. Beide Kreise sind anschließend in einer Höhe von 5,5 mm und unter Verwendung des Verfahrens ***Vereinigung*** zu extrudieren.

➢ **Kreis durch Mittelpunkt** (3)

➢ 1. Punkt (Kreis 1): Punkt (P1) wählen

➢ 2. Punkt (Kreis 1): Bogen (B1) wählen

➢ 1. Punkt (Kreis 2): Punkt (P2) wählen

➢ 2. Punkt (Kreis 2): Bogen (B2) wählen

➢ **Taste: ESC**

➢ **Skizze fertig stellen**

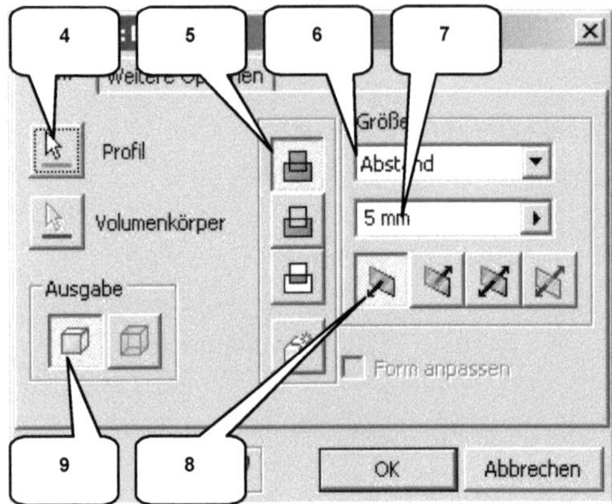

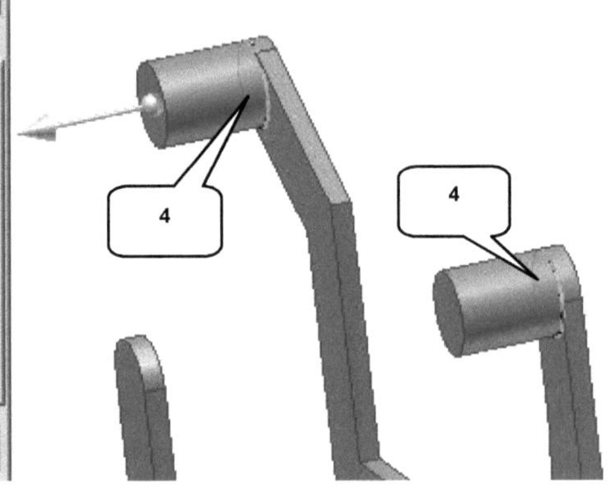

➢ **Extrusion**

➢ Profil: Beide Kreise wählen (4)

➢ Verfahren: Vereinigung (5)

➢ Größe: Abstand (6)

➢ Höhe: [5 mm] (7)

➢ Richtung: Richtung 1 (8)

➢ Ausgabe: Volumenkörper (9)

➢ **OK**

7.13 Spiegeln der beiden Zylinder

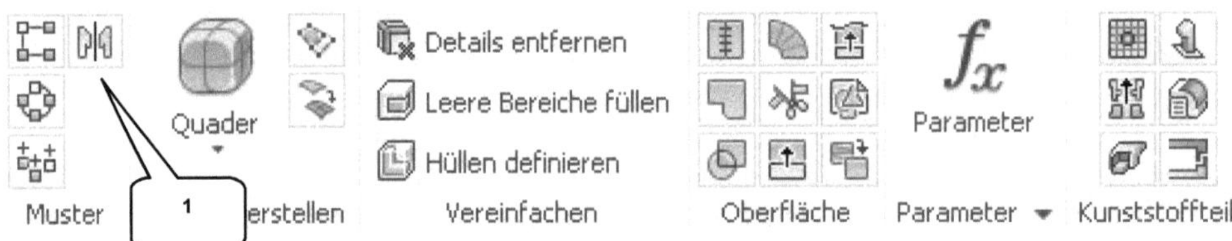

Um die Extrusion der beiden Zylinder auf die gegenüberliegende Seite des Volumenkörpers zu übertragen, kann der Befehl **Spiegeln** (1) verwendet werden. Jetzt zahlt sich das Einbeziehen des Koordinatensystems in die 2D-Skizze bereits aus, da die XY-Ebene als Spiegelebene verwendet werden kann.

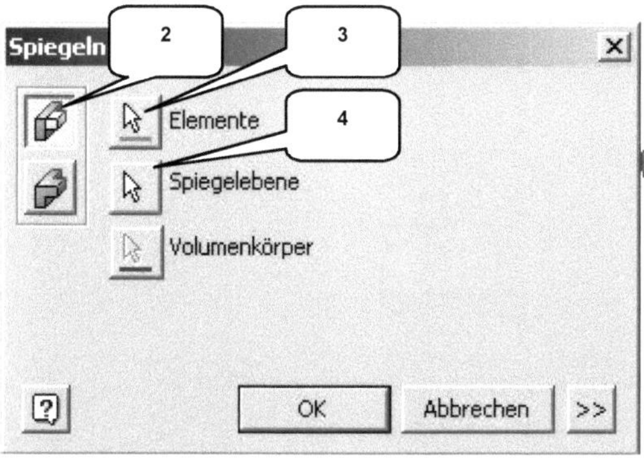

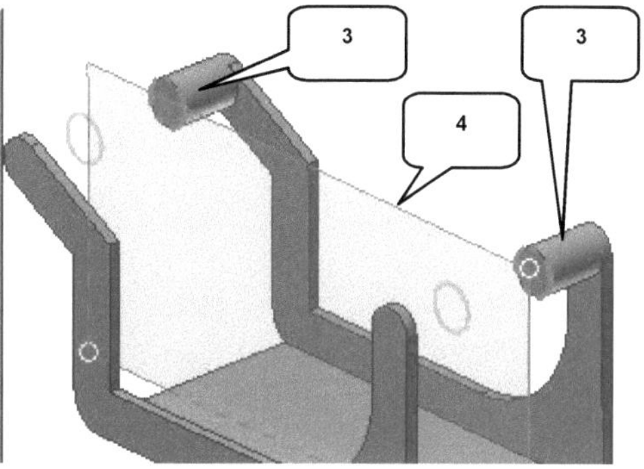

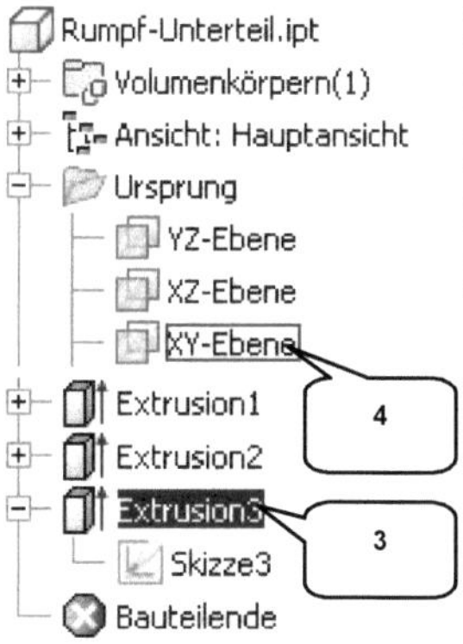

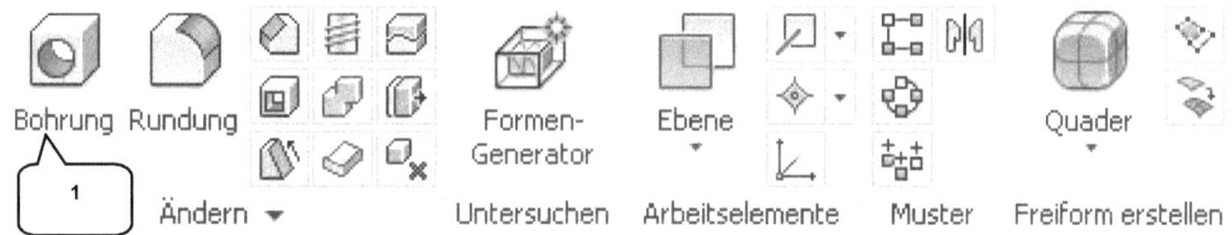

> **Spiegeln** (1)
> Option: Einzelne Elemente spiegeln (2)
> Elemente: Letzte Extrusion im Browser wählen (3)
> Spiegelebene: XY-Ebene (Ordner **Ursprung**) wählen (4)
> **OK**

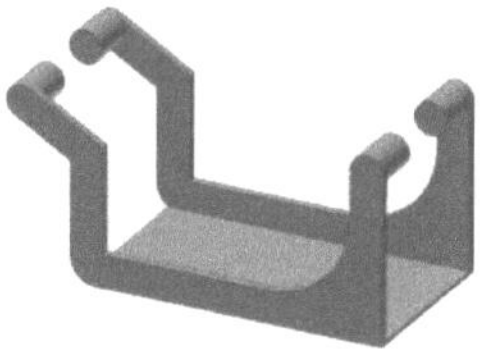

7.14 Konzentrisches Bohren der Zylinder

Alle 4 Zylindersegmente sollen abschließend um eine **Bohrung** (1) ergänzt werden. Aufgrund der vorhandenen zylindrischen Referenzen kann der Bohrungstyp **Konzentrisch** verwendet werden. Der Bohrungsdurchmesser soll 2,1 mm betragen. Bohrungen dieses Typs können immer nur einzeln erzeugt werden, weshalb 2 separate Arbeitsschritte notwendig.

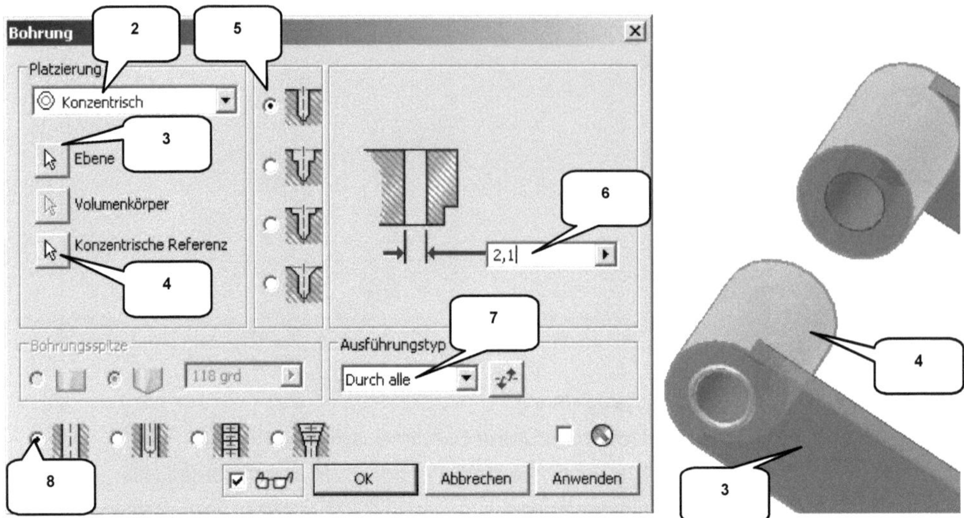

> ➤ *Bohrung* (1)

> ➤ Platzierungstyp: Konzentrisch (2)

> ➤ Ebene: Markierte Fläche wählen (3)

> ➤ Konzentrische Referenz: Markierte Zylinderfläche wählen (4)

> ➤ Option: Bohren (5)

> ➤ Bohrungsdurchmesser: [2,1 mm] (6)

> ➤ Ausführungstyp: Durch alle (7)

> ➤ Option: Einfache Bohrung (8)

> ➤ *OK*

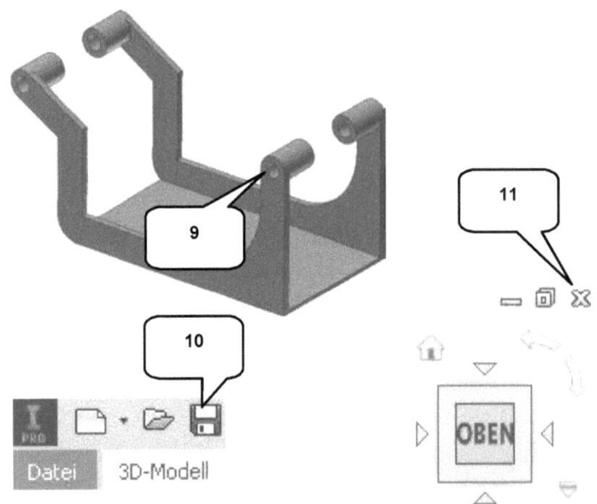

Der Befehl *Bohrung* (1) ist auf der gegenüberliegenden Seite (9) bei den beiden übrig gebliebenen Zylindern mit identischen Werten und dem Platzierungstyp **Konzentrisch** zu wiederholen.

Das Bauteil kann jetzt gespeichert (10) und geschlossen (11) werden.

> ➤ *Speichern* (10)

> ➤ *Datei schließen* (11)

8 Bauteil: Rumpf-Oberteil

8.1 Erstellen der neuen Datei und Zeichnen der Basiskontur

Im nächsten Schritt soll das **Rumpf-Oberteil** konstruiert werden. Hierfür ist ein neues Bauteil zu erzeugen, die Hauptachsen sind zu projizieren und die unten dargestellte Kontur ist zu zeichnen.

- ➤ **Register: Erste Schritte** (1)
- ➤ **Neu** (2)
- ➤ Vorlage: Norm.ipt (3)
- ➤ **ERSTELLEN**

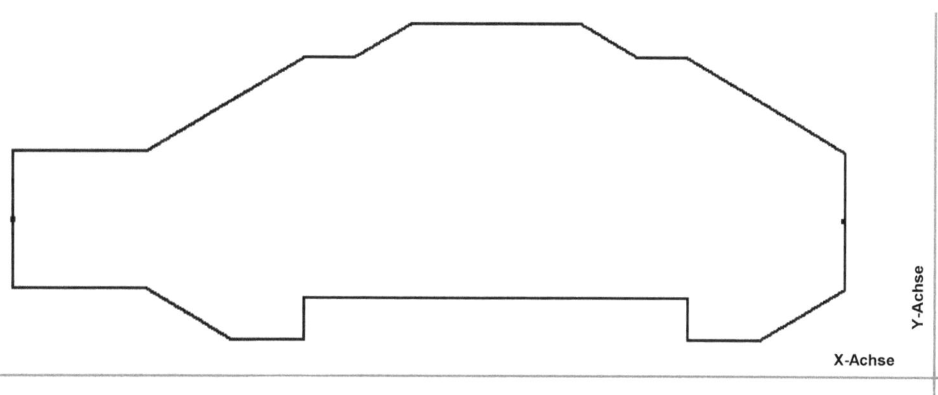

➤ **Geometrie projizieren**	➤ **Linie**
➤ Ordner **Ursprung** aufklappen	➤ Oben dargestellte <u>geschlossene</u> Kontur aus insgesamt 18 Linien zeichnen
➤ 3 Hauptachsen wählen	
➤ **Taste: ESC**	➤ **Taste: ESC**

Die vertikalen und horizontalen Linien sind mit den entsprechenden **Abhängigkeiten** zu versehen. Sollten diese bereits während des Zeichnens erzeugt worden sein, weist das Programm Sie darauf hin.

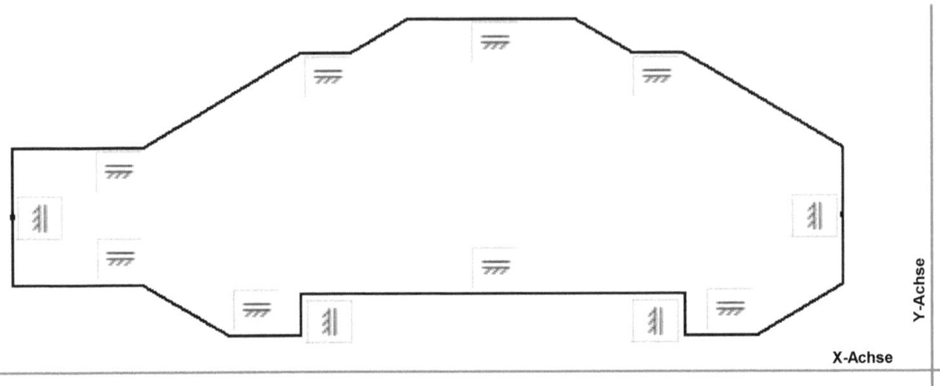

> - **Abhängigkeit Horizontal**
> - Linien ausrichten wie dargestellt
> - **Taste: ESC**

> - **Abhängigkeit Vertikal**
> - Linien ausrichten wie dargestellt
> - **Taste: ESC**

Im Anschluss daran sind die folgenden **Bemaßungen** (Längen und Winkel) zu vergeben.

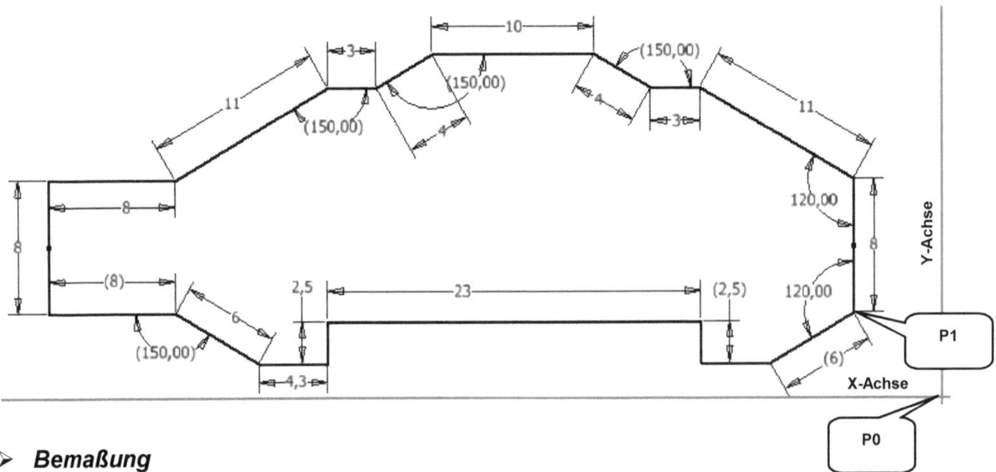

> - **Bemaßung**
> - Längen und Winkel übernehmen wie dargestellt
> - **Taste: ESC**

Die Linienkontur sollte jetzt vollständig bemaßt sein. Nur der Bezug zum Koordinatenursprung fehlt noch, was durch eine *koinzidente* Abhängigkeit zwischen Punkt (P1) der Linienkontur und dem Koordinatenursprungspunkt (P0) nachzuholen ist.

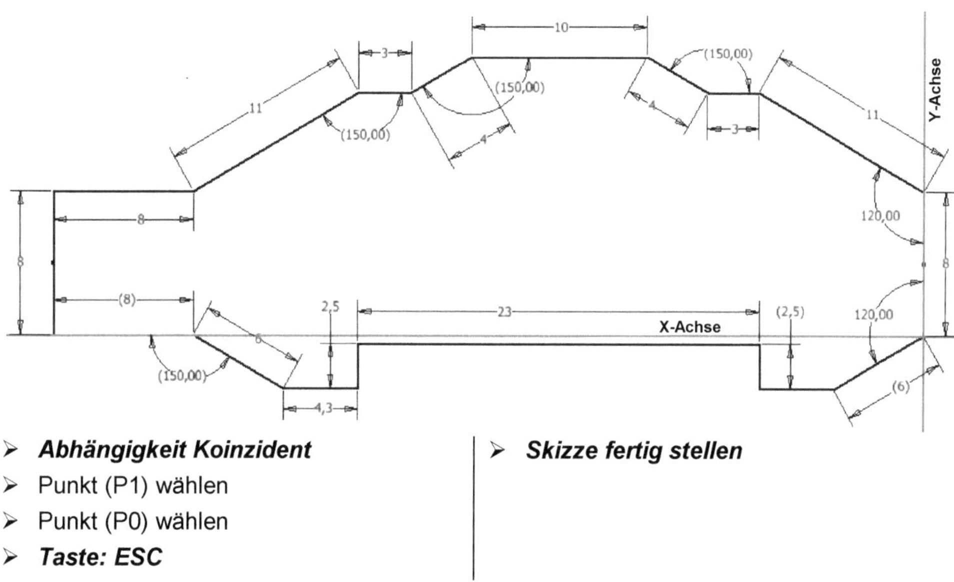

> ➤ *Abhängigkeit Koinzident*
>
> ➤ Punkt (P1) wählen
>
> ➤ Punkt (P0) wählen
>
> ➤ *Taste: ESC*

> ➤ *Skizze fertig stellen*

8.2 Extrudieren der Basiskontur

Die geschlossene Linienkontur soll jetzt symmetrisch um 10 mm *extrudiert* werden.

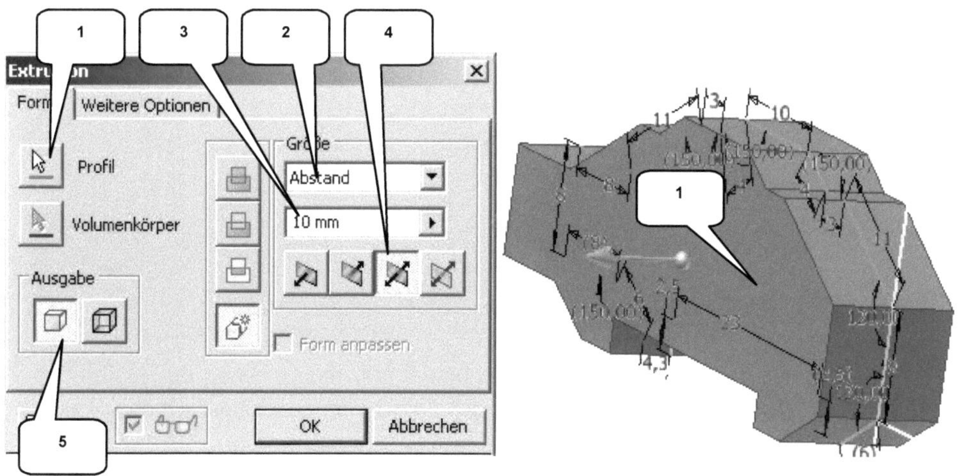

> *Extrusion*
> Profil: Kontur wählen (1)
> Größe: Abstand (2)
> Wert: [10 mm] (3)

> Richtung: Symmetrisch (4)
> Ausgabe: Volumenkörper (5)
> *OK*

HINWEIS: Da die projizierte X-Achse einen kleinen Teil im unteren Bereich der gezeichneten Linienkontur überlagert, muss bei der Auswahl des Profils darauf geachtet werden, dass der gesamte Bereich der Linienkontur ausgewählt wurde. Ist dies nicht der Fall, ist der untere, abgetrennte Bereich zusätzlich auszuwählen.

8.3 Zeichnen einer Subtraktionsgeometrie

Vom vorhandenen Volumenkörper soll im nächsten Arbeitsschritt Material entfernt werden. Hierfür muss auf der XZ-Ebene eine neue 2D-Skizze erzeugt, die Hauptachsen projiziert und die Ansicht im Anschluss ausgerichtet werden.

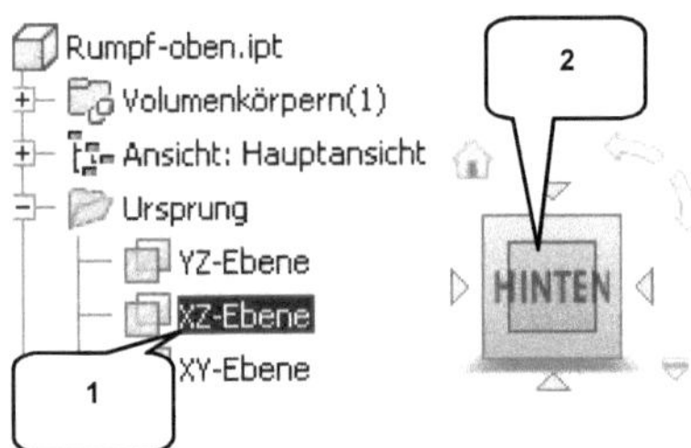

> *2D-Skizze starten*
> XZ-Ebene wählen (1)

> *ViewCube-Ansicht: HINTEN* (2)

> *Taste: F7* (Skizze aufschneiden)

> *Geometrie projizieren*
> X-, Y-, Z-Achse wählen
> *Taste: ESC*

Oberhalb des vorhandenen Volumenkörpers und 8 mm rechts neben der projizierten Z-Achse soll ein *Rechteck* mit den Abmessungen 34 x 9 mm gezeichnet werden, was symmetrisch zur X-Achse anzuordnen ist.

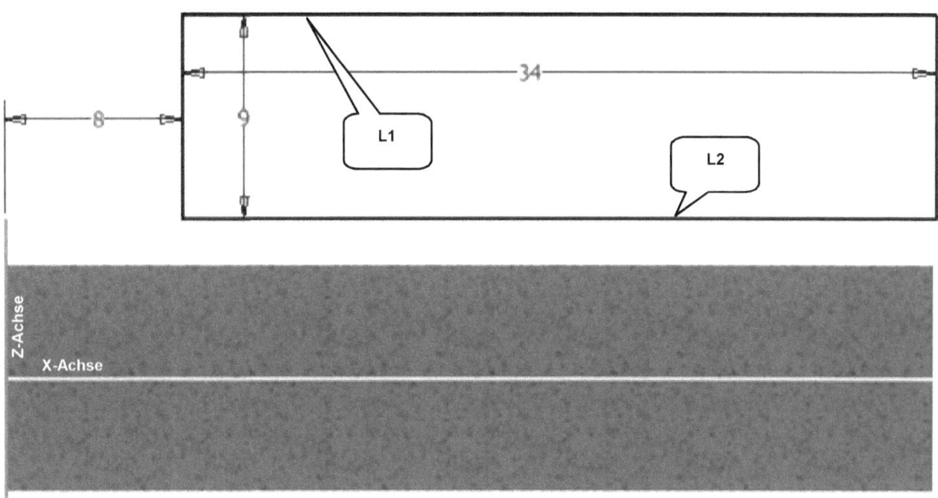

> ***Rechteck durch zwei Punkte***
> Oberes Rechteck zeichnen
> ***Taste: ESC***

> ***Bemaßung***
> Bemaßen wie dargestellt
> ***Taste: ESC***

> ***Abhängigkeit Symmetrisch***
> Linie (L1) wählen
> Linie (L2) wählen
> Projizierte X-Achse wählen
> ***Taste: ESC***

Die Skizze ist im Anschluss daran um einen ***Kreis*** (Durchmesser 9 mm, Mittelpunkt auf projizierter X-Achse, 21 mm rechts neben der projizierten Z-Achse) zu ergänzen. Der Skizzenbereich kann dann verlassen werden.

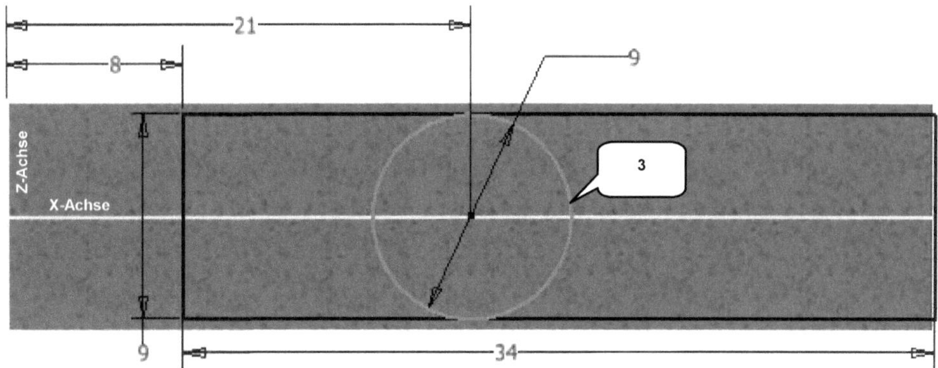

- ➢ ***Kreis durch Mittelpunkt***
- ➢ Mittelpunkt auf beliebigen Punkt der projizierten X-Achse ablegen
- ➢ Durchmesser: [9 mm]
- ➢ ***Taste: ENTER***
- ➢ ***Taste: ESC***

- ➢ ***Bemaßung***
- ➢ Mittelpunkt des Kreises wählen
- ➢ Projizierte Z-Achse wählen
- ➢ Wert: [21 mm]
- ➢ ***Taste: ESC***

- ➢ ***Skizze fertig stellen***

8.4 Extrudieren der Subtraktionsgeometrie

Die gezeichnete Skizzengeometrie muss jetzt vom vorhandenen Volumenkörper subtrahiert werden (Befehl: ***Extrusion***, Verfahren: Differenz). Hierbei ist darauf zu achten, dass nur jene Flächenabschnitte innerhalb des Rechtecks gewählt werden, welche bis an den Kreis heran ragen (1). Der Kreis selbst darf nicht subtrahiert werden.

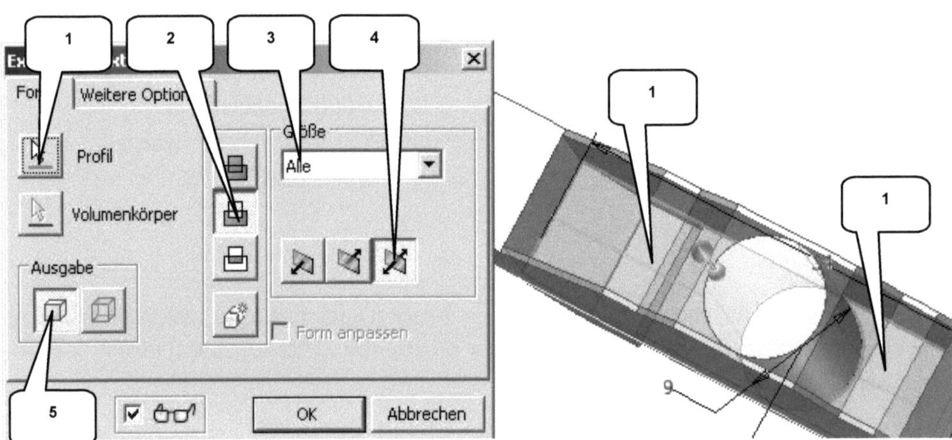

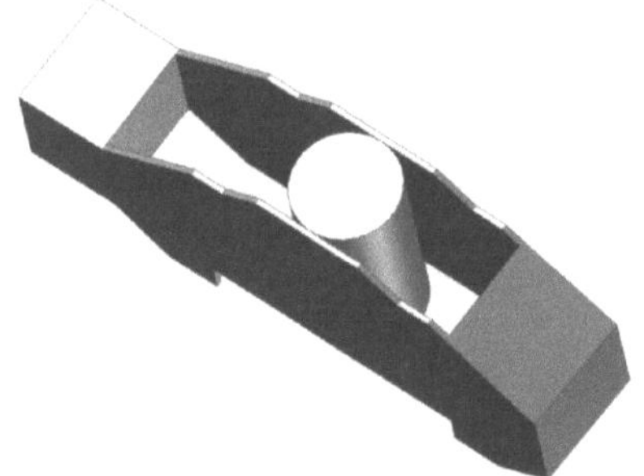

- ➢ ***Extrusion***
- ➢ Profil: Beide markierte (Teil-) Flächen (<u>nicht</u> den Kreis) (1)
- ➢ Verfahren: Differenz (2)
- ➢ Größe: Alle (3)
- ➢ Richtung: Symmetrisch (4)
- ➢ Ausgabe: Volumenkörper (5)
- ➢ ***OK***

8.5 Platzieren einer linearen Bohrung

Auf der nebenstehend markierten Fläche (2) soll eine **Bohrung** mit einem Durchmesser von 3 mm und einer Tiefe von 4 mm erstellt werden. Als Platzierungstyp ist die Option **Linear** (1) zu verwenden, wobei die beiden Kanten (3, 4) als Referenzen dienen.

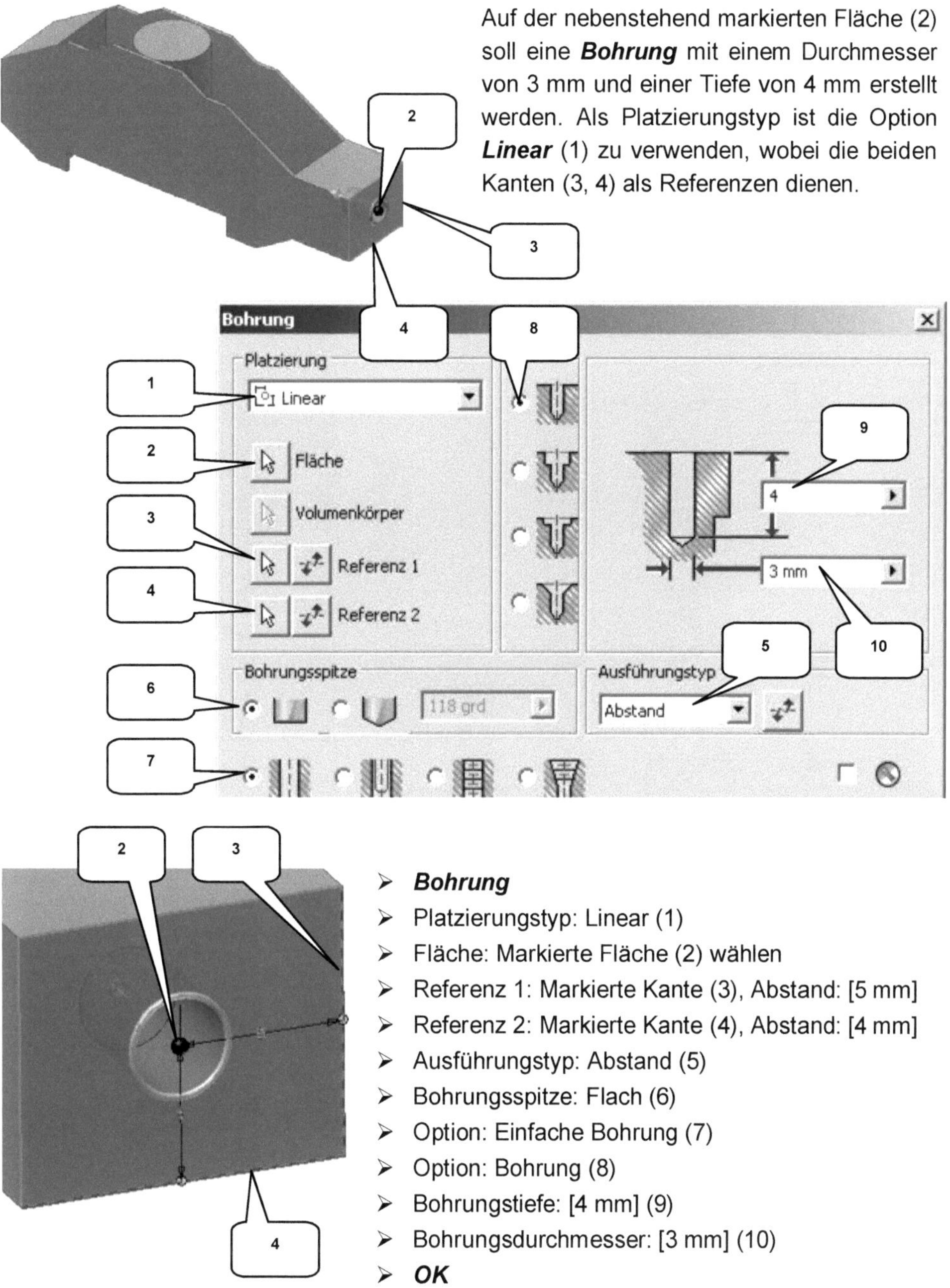

- **Bohrung**
- Platzierungstyp: Linear (1)
- Fläche: Markierte Fläche (2) wählen
- Referenz 1: Markierte Kante (3), Abstand: [5 mm]
- Referenz 2: Markierte Kante (4), Abstand: [4 mm]
- Ausführungstyp: Abstand (5)
- Bohrungsspitze: Flach (6)
- Option: Einfache Bohrung (7)
- Option: Bohrung (8)
- Bohrungstiefe: [4 mm] (9)
- Bohrungsdurchmesser: [3 mm] (10)
- **OK**

8.6 Platzieren einer konzentrischen Bohrung

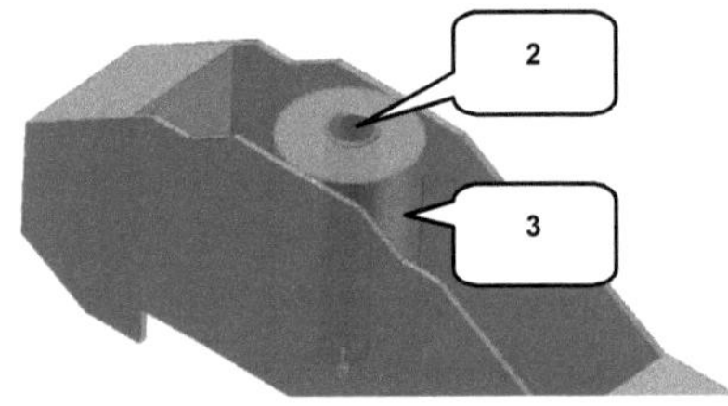

Im vorläufig letzten Arbeitsschritt an diesem Bauteil soll auf der markierten Fläche des Zylinders (2) eine konzentrische **Bohrung** mit einem Durchmesser von 2 mm und einer Tiefe von 5 mm platziert werden.

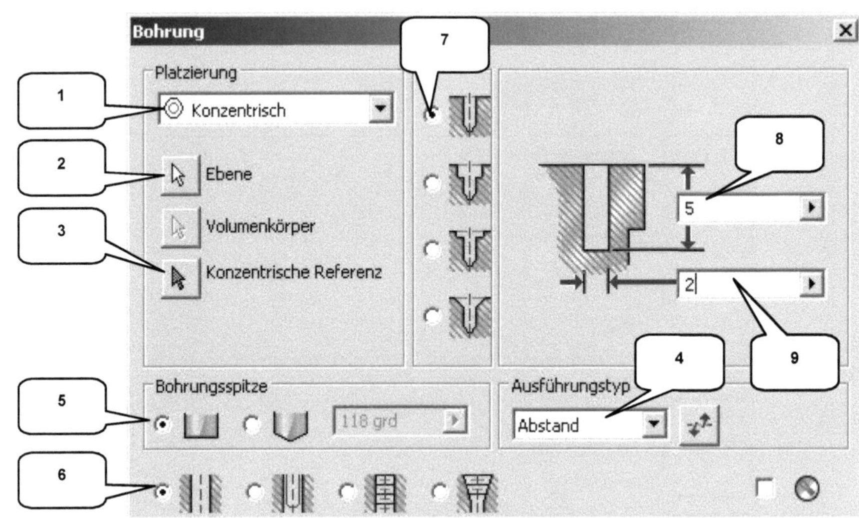

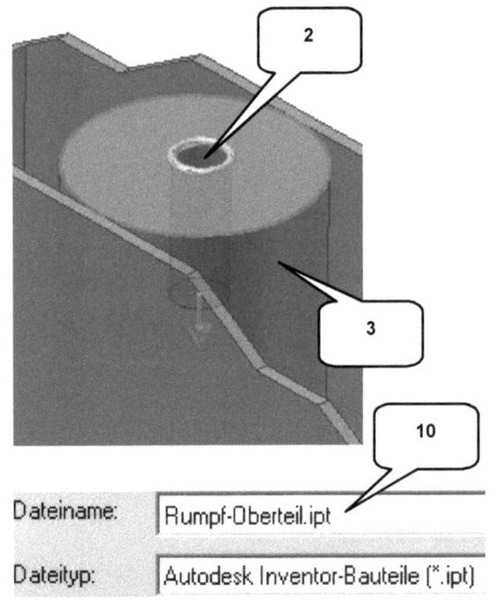

> **Bohrung**
> Platzierungstyp: Konzentrisch (1)
> Ebene: Markierte Fläche wählen (2)
> Konzentrische Referenz: Zylinderfläche (3)
> Ausführungstyp: Abstand (4)
> Bohrungsspitze: Flach (5)
> Option: Einfache Bohrung (6)
> Option: Bohrung (7)
> Bohrungstiefe: [5 mm] (8)
> Bohrungsdurchmesser: [2 mm] (9)
> **OK**
>
> **Speichern** als: **Rumpf-Oberteil** (10)
> **Datei schließen**

9 Bauteil: Landegestell

9.1 Erstellen der neuen Datei und Zeichnen der ersten Skizze

Bauteil – 2D- und 3D-Objekte erstellen

Als nächstes Bauteil soll das **Landegestell** konstruiert werden. Dafür ist ein neues Bauteil zu erzeugen und im Skizzenbereich sind die 3 Hauptachsen zu *projizieren* sowie ein *Rechteck* zu zeichnen.

> *Register: Erste Schritte* (1)
> *Neu* (2)
> Vorlage: Norm.ipt (3)
> *ERSTELLEN*

> *Geometrie projizieren*
> Ordner *Ursprung* aufklappen
> 3 Hauptachsen wählen
> *Taste: ESC*

> *Rechteck durch zwei Punkte*
> Rechteck zeichnen wie dargestellt
> *Taste: ESC*

> *Bemaßung*
> Größe des Rechtecks und Abstand zu den Achsen bemaßen wie dargestellt
> *Taste: ESC*

> *Skizze fertig stellen*

9.2 Zeichnen der zweiten Skizze

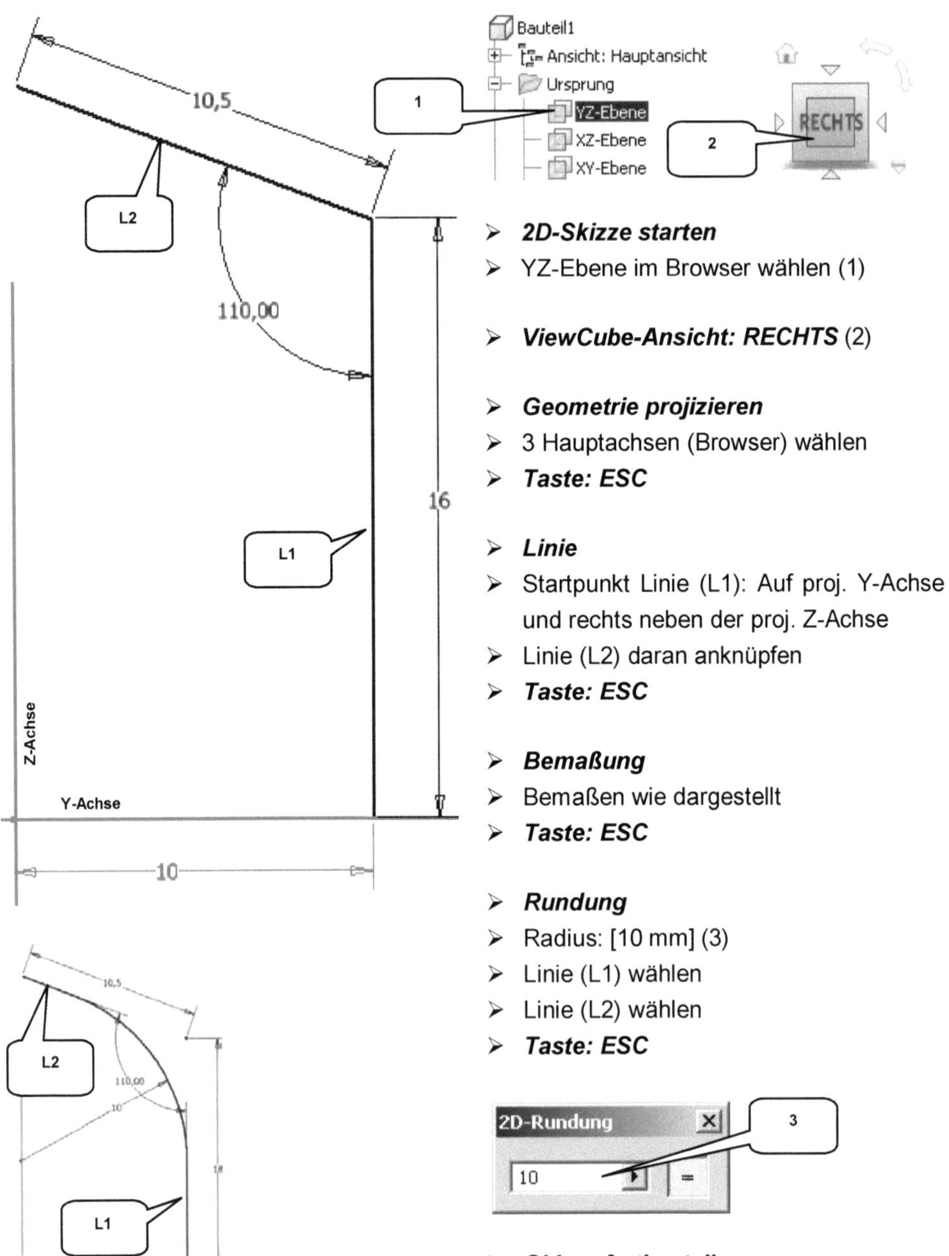

> **2D-Skizze starten**
> YZ-Ebene im Browser wählen (1)

> **ViewCube-Ansicht: RECHTS** (2)

> **Geometrie projizieren**
> 3 Hauptachsen (Browser) wählen
> **Taste: ESC**

> **Linie**
> Startpunkt Linie (L1): Auf proj. Y-Achse
> und rechts neben der proj. Z-Achse
> Linie (L2) daran anknüpfen
> **Taste: ESC**

> **Bemaßung**
> Bemaßen wie dargestellt
> **Taste: ESC**

> **Rundung**
> Radius: [10 mm] (3)
> Linie (L1) wählen
> Linie (L2) wählen
> **Taste: ESC**

> **Skizze fertig stellen**

9.3 Erstellen des Sweeping-Objektes

Das Rechteck aus Skizze 1 soll jetzt entlang des Pfades aus Skizze 2 geführt und damit in einen Volumenkörper konvertiert werden. Zu verwenden ist der Befehl **Sweeping** (1).

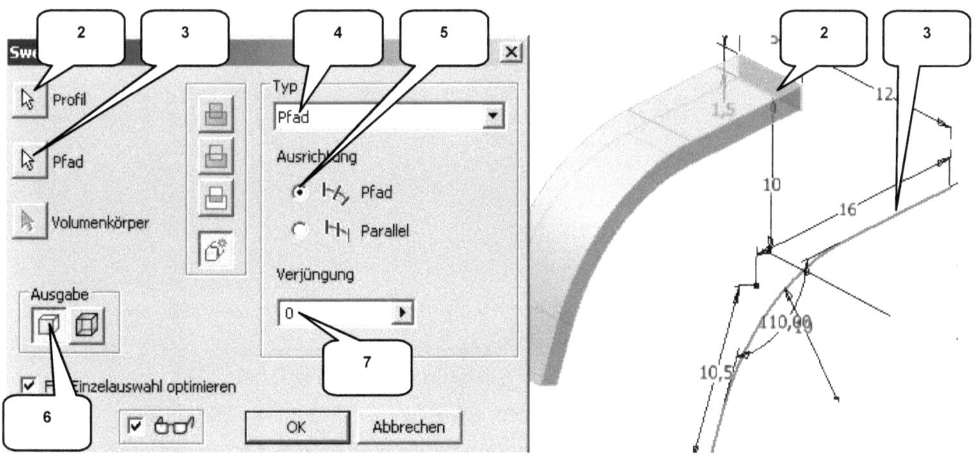

➢ **Sweeping** (1)	➢ Ausrichtung: Pfad (5)
➢ Profil: Rechteck (Skizze 1) wählen (2)	➢ Ausgabe: Volumenkörper (6)
➢ Pfad: Kontur (Skizze 2) wählen (3)	➢ Verjüngung: [0°] (7)
➢ Typ: Pfad (4)	➢ **OK**

HINWEIS: Der Hinweis **Pfad schneidet Profil nicht** kann mit **Ja** beantwortet und damit ignoriert werden.

9.4 Spiegeln des Sweeping-Objektes

Das Sweeping-Objekt ist jetzt an der YZ-Ebene zu *spiegeln* (1).

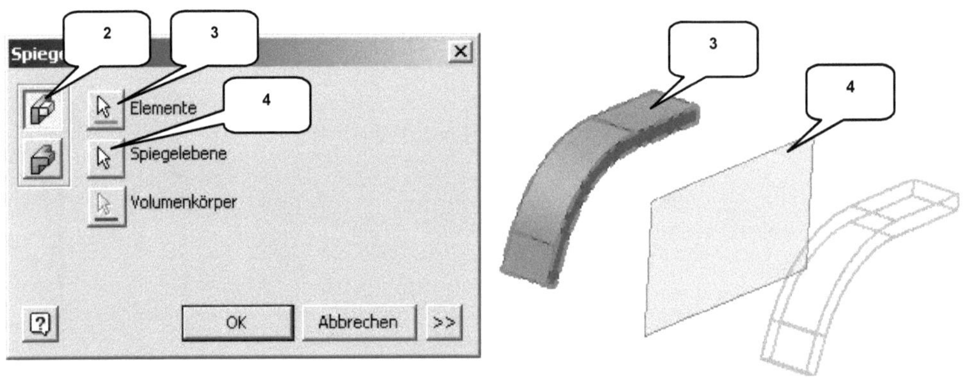

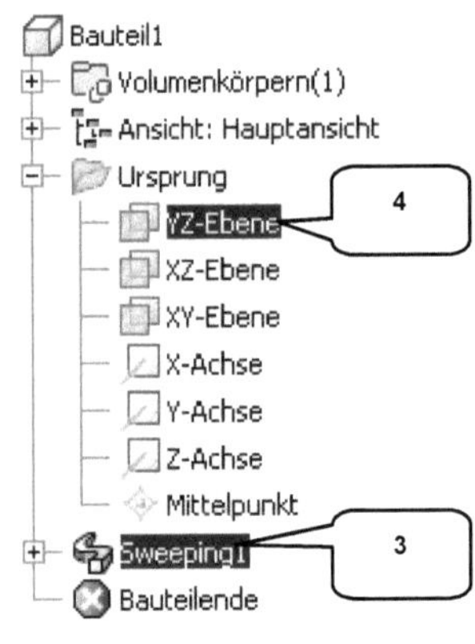

> *Spiegeln* (1)
> Option: Einzelne Elemente spiegeln (2)
> Elemente: Sweeping1 (Browser) wählen (3)
> Spiegelebene: YZ-Ebene (Browser) wählen (4)
> *OK*

Nach den beiden ersten Arbeitsschritten sollte das neue Bauteil gespeichert werden.

> *Speichern*
> Dateiname: *Landegestell* (5)
> Dateityp: (*.ipt)
> *Speichern*

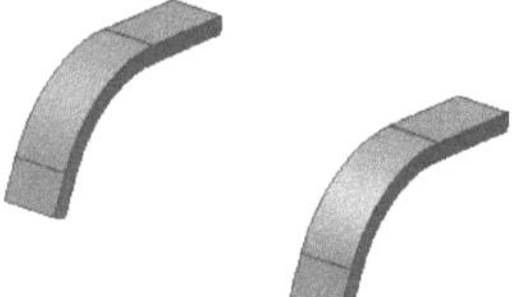

9.5 Zeichnen weiterer Skizzen

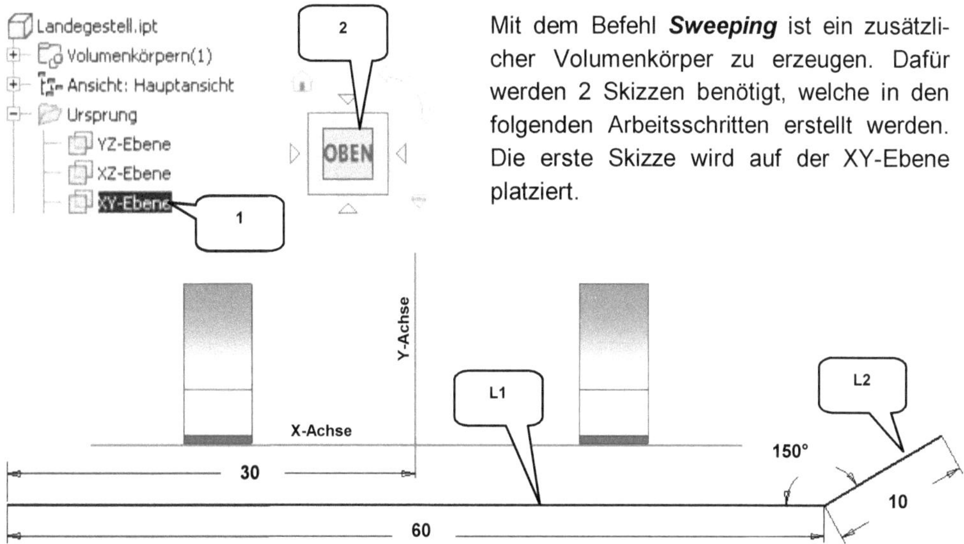

Mit dem Befehl *Sweeping* ist ein zusätzlicher Volumenkörper zu erzeugen. Dafür werden 2 Skizzen benötigt, welche in den folgenden Arbeitsschritten erstellt werden. Die erste Skizze wird auf der XY-Ebene platziert.

> **2D-Skizze starten**
> XY-Ebene im Browser wählen (1)

> **ViewCube-Ansicht: OBEN** (2)

> **Geometrie projizieren**
> 3 Hauptachsen wählen
> **Taste: ESC**

> **Linie**
> Linien (L1) und (L2) unterhalb der projizierten X-Achse zeichnen wie dargestellt
> **Taste: ESC**

> **Bemaßung**
> Bemaßen wie dargestellt
> **Taste: ESC**

> **Rundung**
> Radius: [10 mm] (3)
> Linie (L1) wählen
> Linie (L2) wählen
> **Taste: ESC**

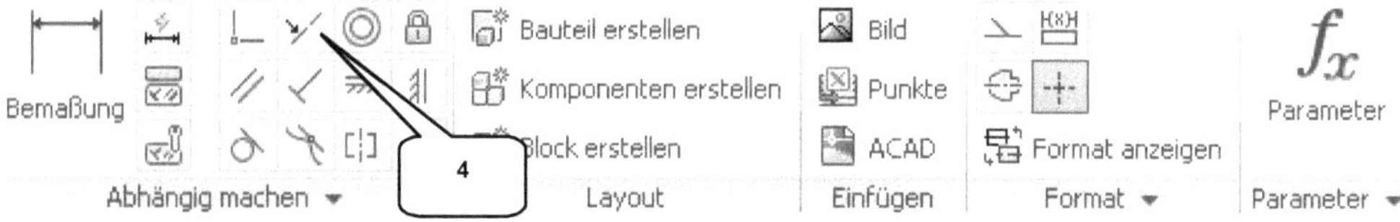

Die Linie (L1) soll jetzt mit der Abhängigkeit *Kollinear* (4) auf der X-Achse platziert werden.

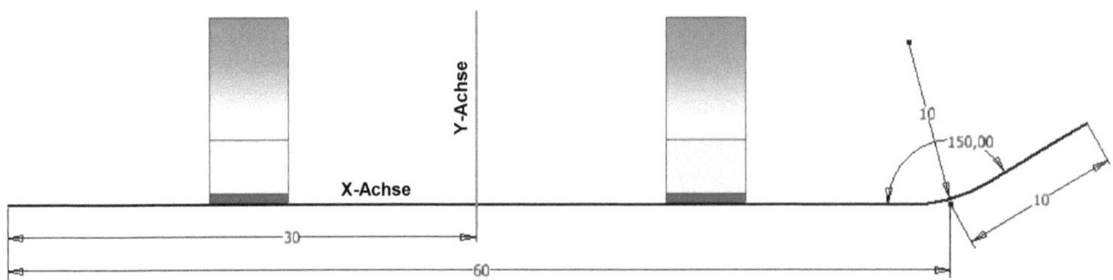

> ➤ *Abhängigkeit Kollinear* (4)
> ➤ Linie (L1) wählen
> ➤ Projizierte X-Achse wählen

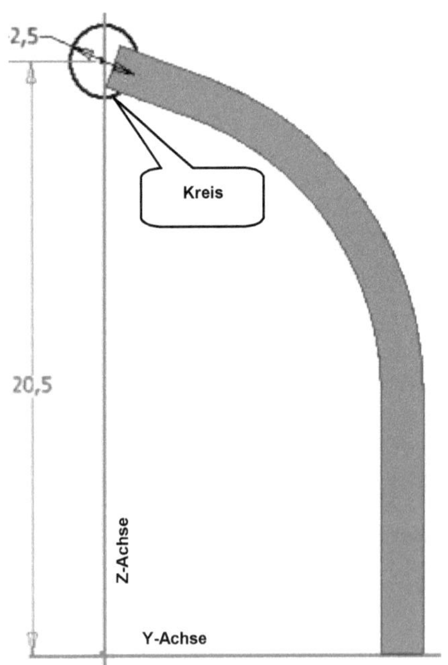

> ➤ *Taste: ESC*
>
> ➤ *Skizze fertig stellen*

Die zweite Skizze ist auf der YZ-Ebene zu erzeugen. Auch hier sind die Hauptachsen zu projizieren. Sie wird lediglich einen Kreis enthalten, welcher anschließend entlang des in der ersten Skizze gezeichneten Pfades geführt werden soll.

> ➤ *2D-Skizze starten*
> ➤ YZ-Ebene im Browser wählen (5)

> ➤ *ViewCube-Ansicht: RECHTS* (6)

> ➤ *Geometrie projizieren*
> ➤ 3 Hauptachsen wählen
> ➤ *Taste: ESC*

> ➤ *Kreis durch Mittelpunkt*
> ➤ Kreis zeichnen (Mittelpunkt auf projizierter Z-Achse)
> ➤ *Taste: ESC*

> ➤ *Bemaßung*
> ➤ Bemaßen wie dargestellt
> ➤ *Taste: ESC*

> ➤ *Skizze fertig stellen*

9.6 Erstellen des Sweeping-Objektes

Der Kreis soll jetzt entlang der Linienkontur aus Skizze 3 geführt werden.

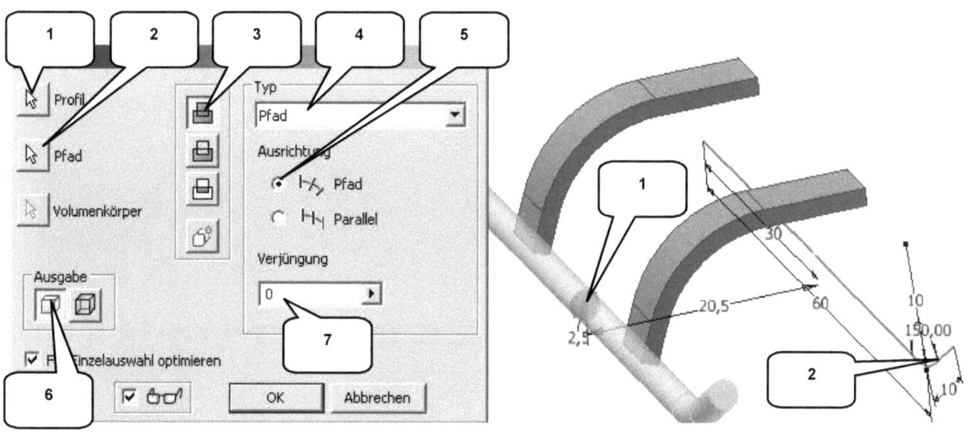

> **Sweeping**
> Profil: Kreis aus Skizze 4 wählen (1)
> Pfad: Kontur aus Skizze 3 wählen (2)
> Verfahren: Vereinigung (3)
> Typ: Pfad (4)

> Ausrichtung: Pfad (5)
> Ausgabe: Volumenkörper (6)
> Verjüngung: [0°] (7)
> **OK**

HINWEIS: Bei der Auswahl des Pfades ist die Linienkontur im vorderen Bereich der Linie (L2) anzuklicken, um eine unbeabsichtigte Auswahl der projizierten X-Achse zu vermeiden.

9.7 Runden des letzten Sweeping-Objektes

Die Zylinderkanten am Anfang und am Ende des Sweeping-Objektes sind jetzt mit einem Radius von 1 mm abzurunden.

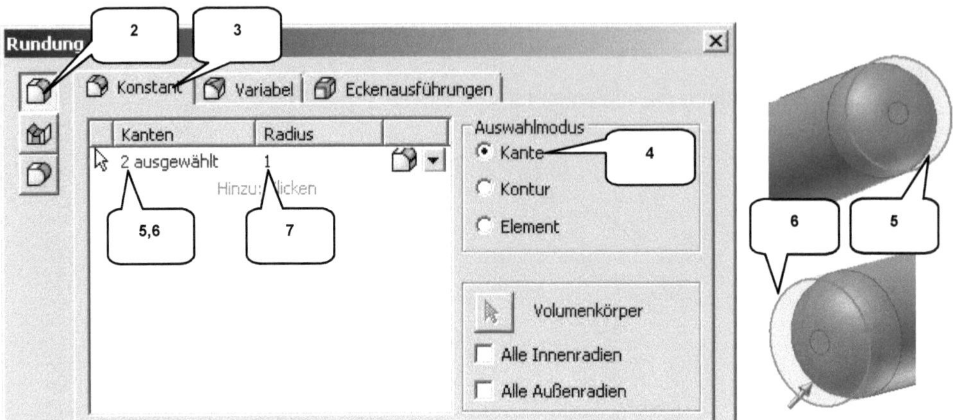

> *Rundung* (1)

> Option: Kantenabrundung (2)

> Reiter: Konstant (3)

> Auswahlmodus: Kante (4)

> Kanten: Zylinderkanten wählen (5, 6)

> Radius: [1 mm] (7)

> *OK*

9.8 Spiegeln des gesamten Volumenkörpers

Der gesamte Volumenkörper soll jetzt an der XY-Ebene *gespiegelt* werden. Das Bauteil kann anschließend gespeichert und geschlossen werden.

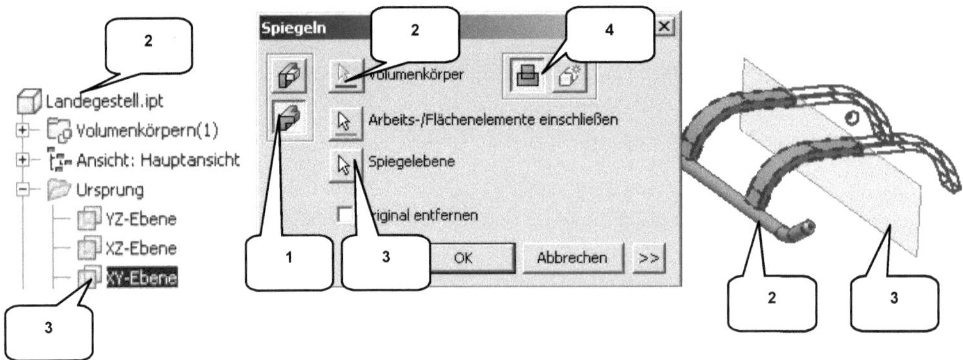

> *Spiegeln*

> Option: Volumenkörper spiegeln (1)

> Volumenkörper: (automatisch) (2)

> Spiegelebene: XY-Ebene (3)

> Verfahren: Vereinigung (4)

> *OK*

> *Bauteil speichern*

> *Bauteil schließen*

10 Bauteil: Hauptrotor

10.1 Erstellen der neuen Datei und Zeichnen der ersten Konturen

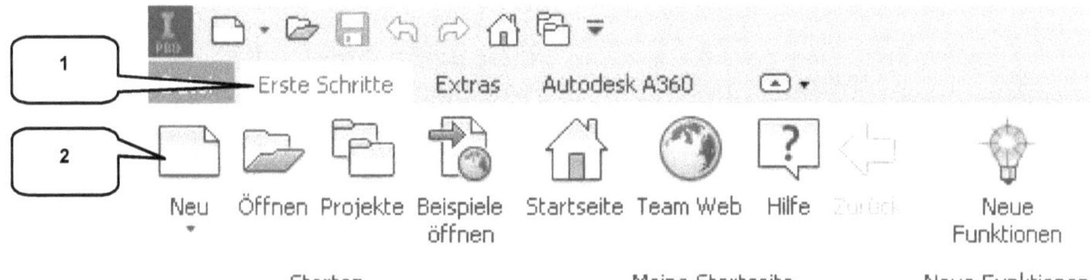

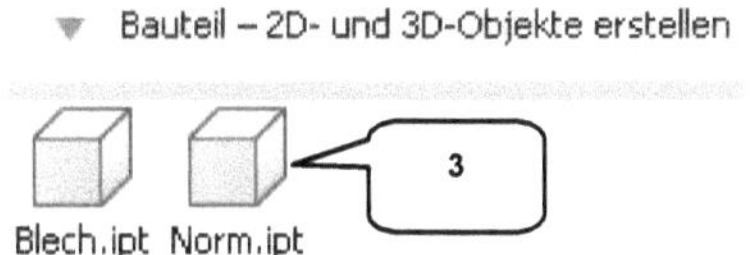

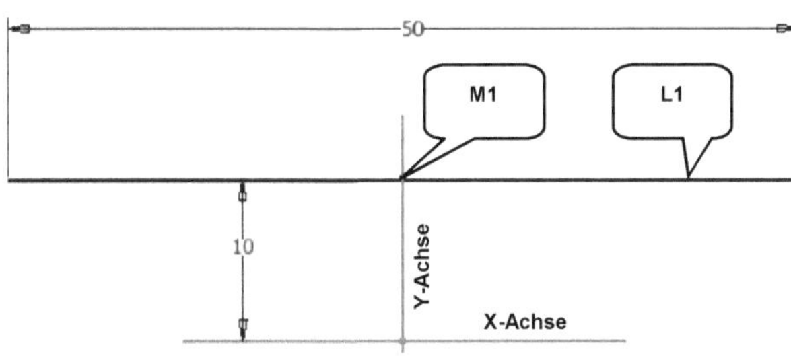

Im nächsten Schritt soll der **Hauptrotor** konstruiert werden, wofür ein neues Bauteil zu erzeugen ist.

In der sich öffnenden Skizze sind die 3 Hauptachsen zu **projizieren** und eine **Linie** zu zeichnen.

> **Register: Erste Schritte** (1)
> **Neu** (2)
> Vorlage: Norm.ipt (3)
> **ERSTELLEN**

> **Geometrie projizieren**
> Ordner **Ursprung** öffnen
> 3 Hauptachsen wählen
> **Taste: ESC**

> **Linie**
> Linie (L1) zeichnen wie dargestellt
> **Taste: ESC**

> **Bemaßung**
> Linie bemaßen wie dargestellt
> **Taste: ESC**

> **Abhängigkeit Koinzident**
> Mittelpunkt (M1) der Linie (L1) wählen
> Projizierte Y-Achse wählen
> **Taste: ESC**

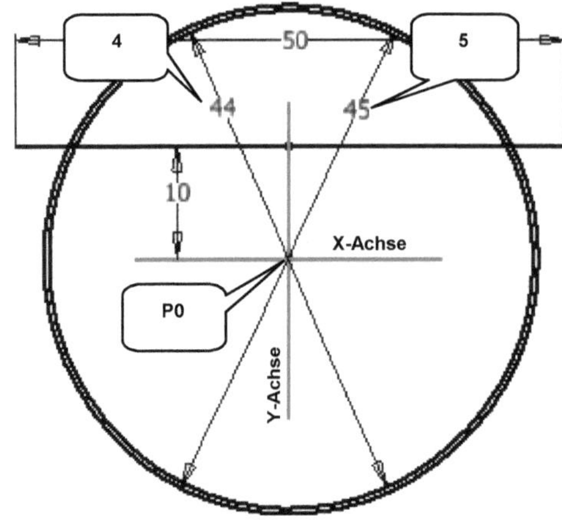

Im Koordinatenursprung sollen jetzt 2 **Kreise** gezeichnet werden. Die Eingabe des Durchmessers erfolgt während des Zeichnens.

- ➢ **Kreis durch Mittelpunkt**
- ➢ Mittelpunkt 1. Kreis: Koordinatenursprung (P0)
- ➢ Durchmesser 1. Kreis: [44 mm] (4)
- ➢ **Taste: ENTER**
- ➢ Mittelpunkt 2. Kreis: Koordinatenursprung (P0)
- ➢ Durchmesser 2. Kreis: [45 mm (5)
- ➢ **Taste: ENTER**
- ➢ **Taste: ESC**

10.2 Stutzen der Zeichenobjekte

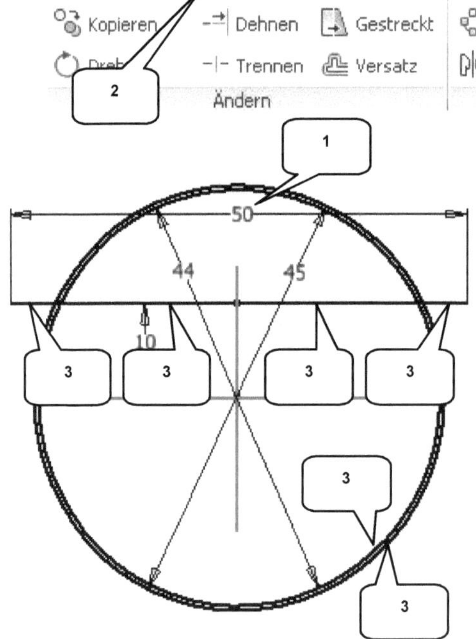

Vor dem **Stutzen** (2) der einzelnen Liniensegmente, muss das Längenmaß der mit (1) gekennzeichneten Linie gelöscht werden.

- ➢ Längenmaß (50 mm) der Linie markieren (1)
- ➢ **Taste: ENTF**

- ➢ **Stutzen** (2)
- ➢ Alle 4 markierten Segmente der Linie und die beiden markierten Abschnitte der Kreise wählen (3)
- ➢ **Taste: ESC**

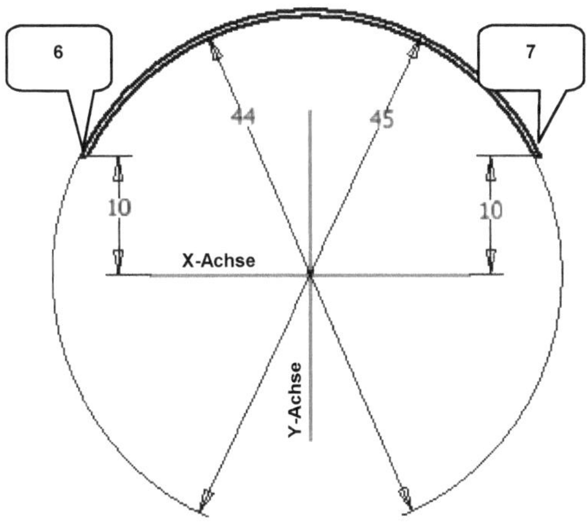

Fehlende Maße sind durch die **automatische Bemaßung** (4) zu ergänzen.

- ➢ **Automatische Bemaßung** (4)
- ➢ Aktivieren: Bemaßungen (5)
- ➢ Aktivieren: Abhängigkeiten (5)
- ➢ **ANWENDEN**
- ➢ **FERTIG**

HINWEIS: Die beiden Enden der Bögen sollten nach Abschluss des letzten Befehls noch einmal kontrolliert werden. Wie in Position (6) und (7) dargestellt, müsste die Kontur geschlossen sein.

- ➢ **Skizze fertig stellen**

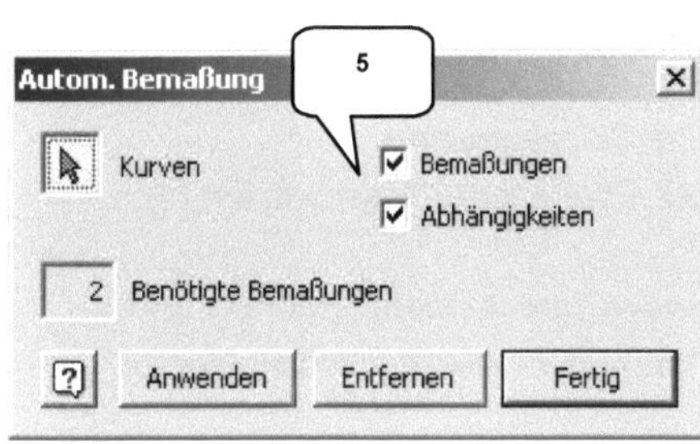

10.3 Volumenkörper mittels Extrusion erzeugen

Das geschlossene Zeichenobjekt soll durch eine 180 mm lange symmetrische **Extrusion** in einen Volumenkörper konvertiert werden.

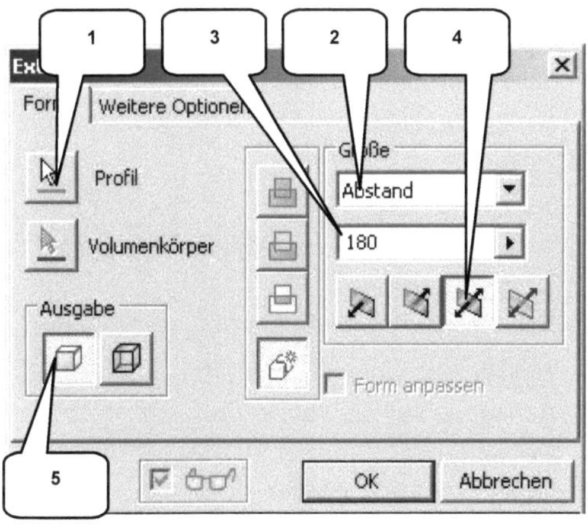

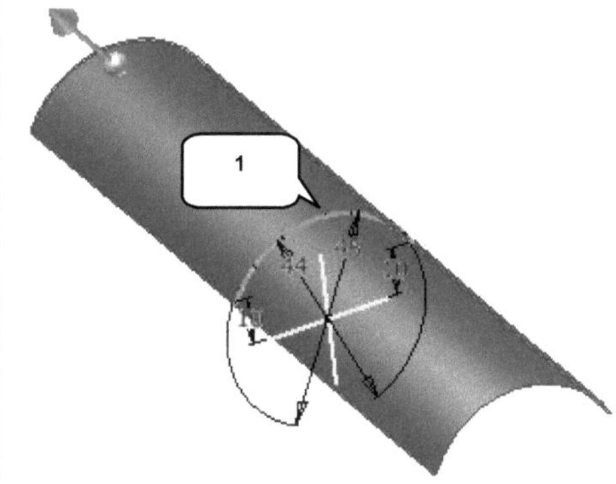

> ➢ **Extrusion**
> ➢ Profil: Bogenkontur wählen (1)
> ➢ Größe: Abstand (2)
> ➢ Wert: [180 mm] (3)

> ➢ Richtung: Symmetrisch (4)
> ➢ Ausgabe: Volumenkörper (5)
> ➢ **OK**

10.4 Zeichnen der zweiten Kontur

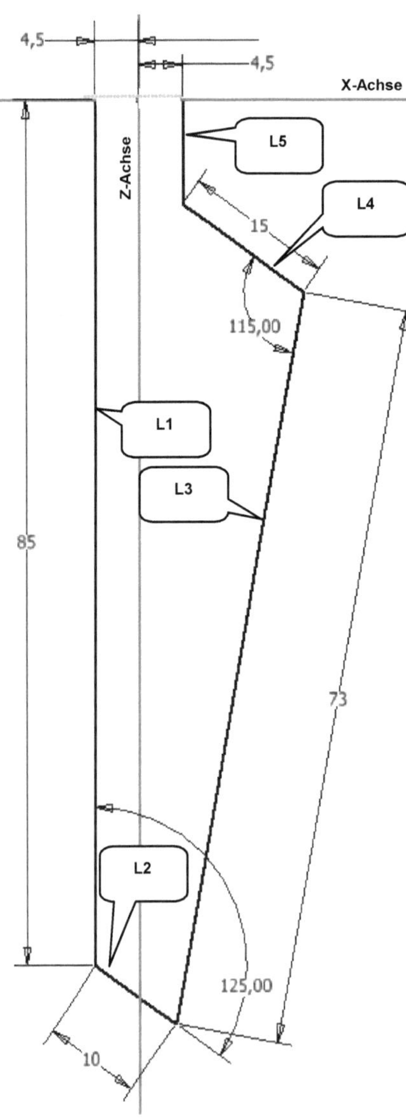

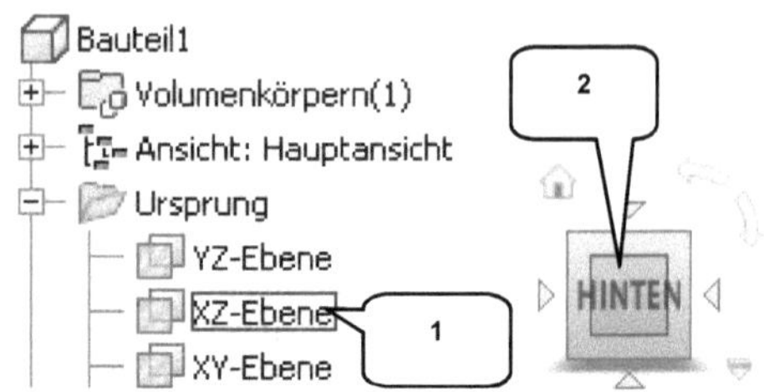

➢ **2D-Skizze starten**
➢ XZ-Ebene im Browser wählen (1)

➢ **ViewCube-Ansicht: HINTEN** (2)
➢ **Taste: F7** (Skizze aufschneiden)

➢ **Geometrie projizieren**
➢ 3 Hauptachsen wählen
➢ **Taste: ESC**

➢ **Linie**
➢ Linienkontur aus 5 zusammenhängenden Linien (L1...L5) zeichnen wie dargestellt (unterhalb der X-Achse)
➢ **Taste: ESC**

➢ **Bemaßung**
➢ Linienkontur bemaßen wie dargestellt
➢ **Taste: ESC**

HINWEIS: Linie (L1) startet auf der X-Achse, Linie (L5) endet auf der X-Achse. Zwischen (L1) und (L5) auf der X-Achse liegt keine andere Linie.

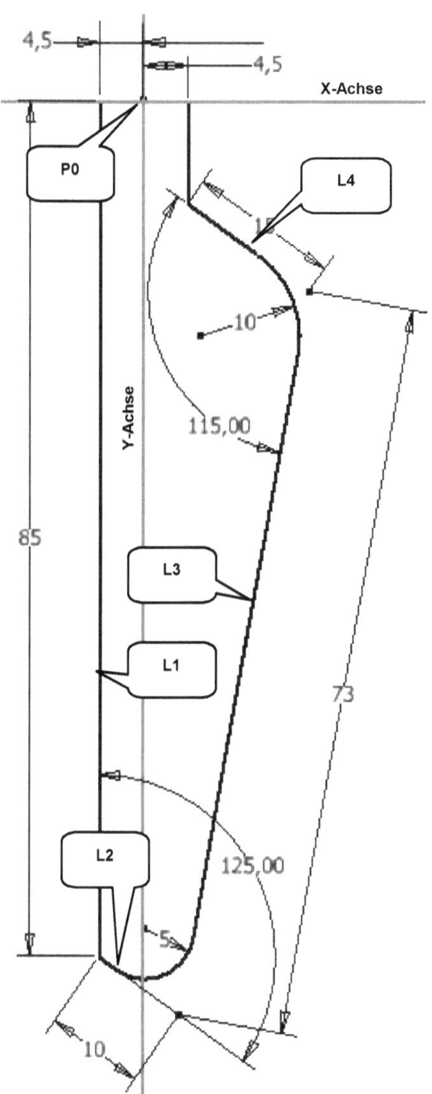

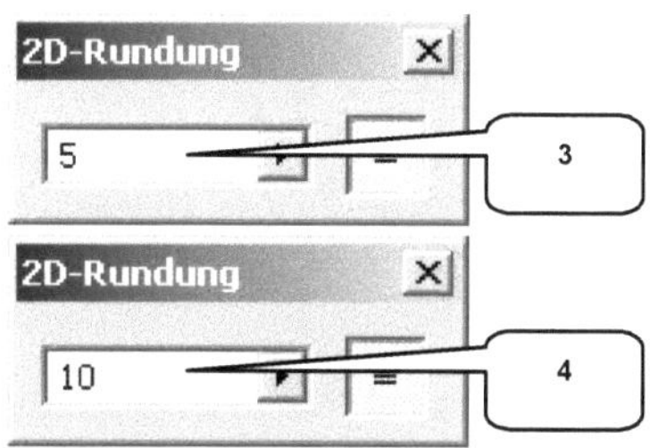

- ➢ **Rundung**
- ➢ Radius: [5 mm] (3)
- ➢ Linie (L2) wählen
- ➢ Linie (L3) wählen
- ➢ **Taste: ESC**

- ➢ **Rundung**
- ➢ Radius: [10 mm] (4)
- ➢ Linie (L3) wählen
- ➢ Linie (L4) wählen
- ➢ **Taste: ESC**

Die gesamte Kontur ist im nächsten Schritt um den Koordinatenursprung (P0) zu drehen, wobei die erste Skizzengeometrie erhalten bleiben soll. Es wird also eine gedrehte Kopie erzeugt. Hierfür ist der Befehl **Drehen** (5) zu starten.

HINWEIS: Der Hinweis *Sollen Bemaßungen bei Bedarf gelockert werden* kann mit **Ja** bestätigt werden.

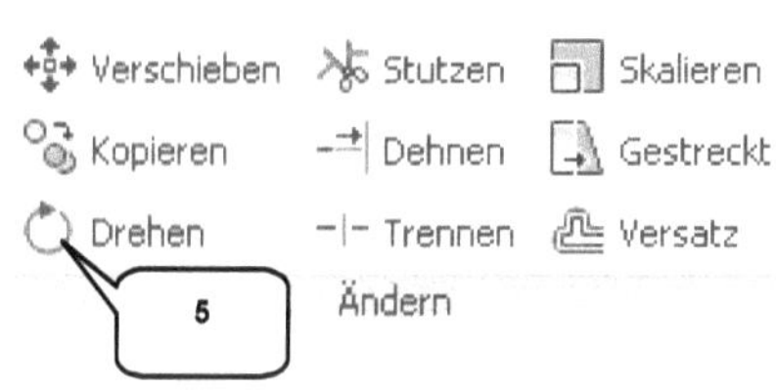
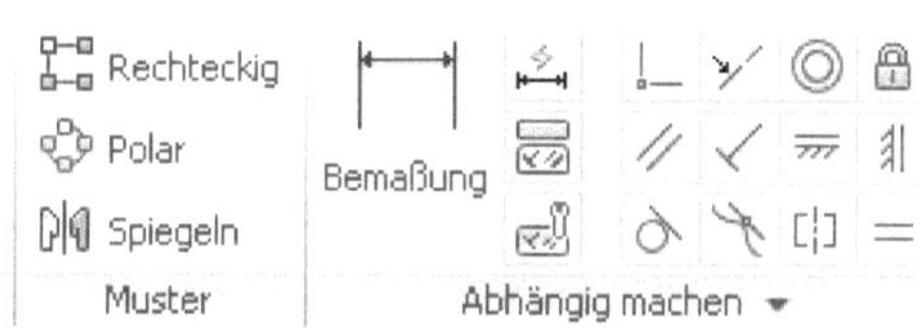

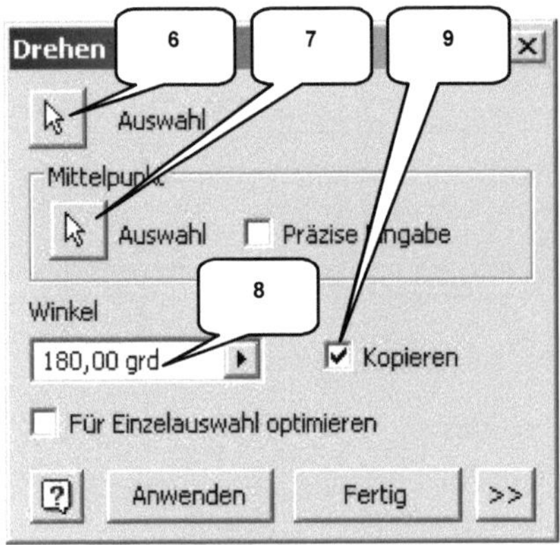

> *Drehen* (5)
> Auswahl: Bei gedrückter linker Maustaste ein Fenster über die gezeichneten Linien (L1...L5) ziehen (6)
> Mittelpunkt: Koordinatenursprung (P0) wählen (7)
> Winkel: [180°] (8)
> Aktivieren: Kopieren (9)
> *ANWENDEN*
> *FERTIG*

HINWEIS: Das Fenster, das bei der Auswahl der Linien aufgezogen werden soll, muss von links oben nach rechts unten aufgezogen werden, wobei die projizierte X-Achse nicht komplett darin eingeschlossen werden darf. Die beiden Hinweise *...vorhandene Bemaßungen gelockert...* und *...Abhängigkeiten entfernen...* können mit *Ja* bestätigt werden!

Beide Konturen müssen jetzt miteinander verbunden und um fehlende Abhängigkeiten ergänzt werden. Hierfür ist mit der rechten Maustaste auf die Linie (L1) zu klicken und im Kontextmenü die Option *Kontur schließen* (10) zu wählen.

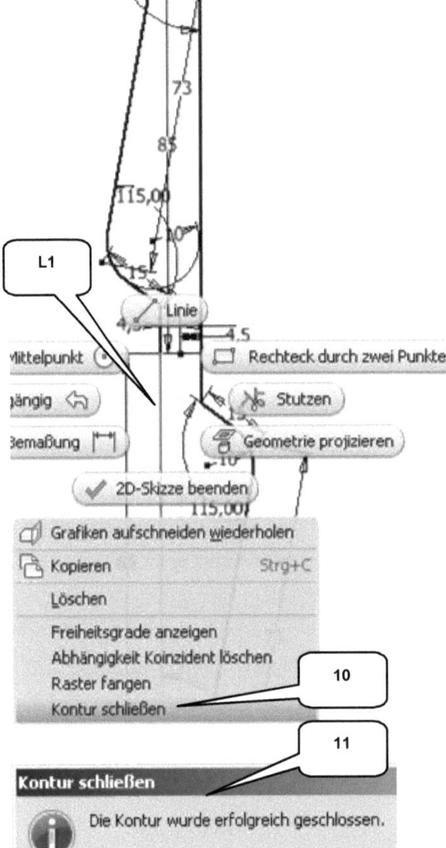

> *Rechte Maustaste auf Linie* (L1)
> Option: Kontur schließen (10)
> Fenster *Kontur schließen* mit *OK* bestätigen
> Nacheinander alle restlichen Linien der Skizze (nicht die Achsen!) wählen, bis Meldung (11) erscheint
> *OK*

> *Skizze fertig stellen*

10.5 Extrudieren einer Schnittmenge

Beide Teilflächen der Skizze sollen im folgenden Schritt mit dem Befehl **Extrusion** zusammen mit dem bereits vorhandenen Volumenkörper eine gemeinsame **Schnittmenge** ergeben.

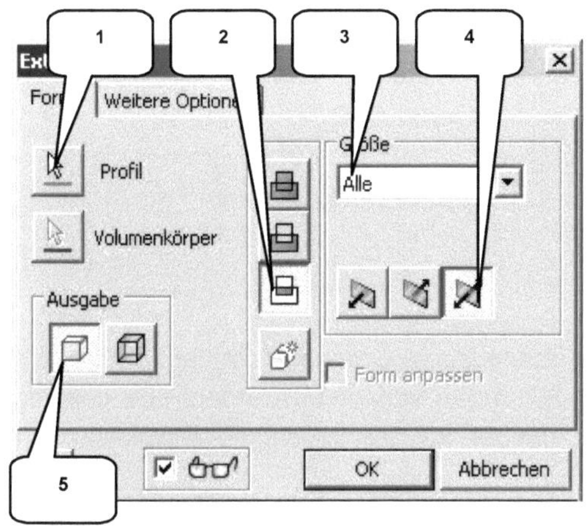
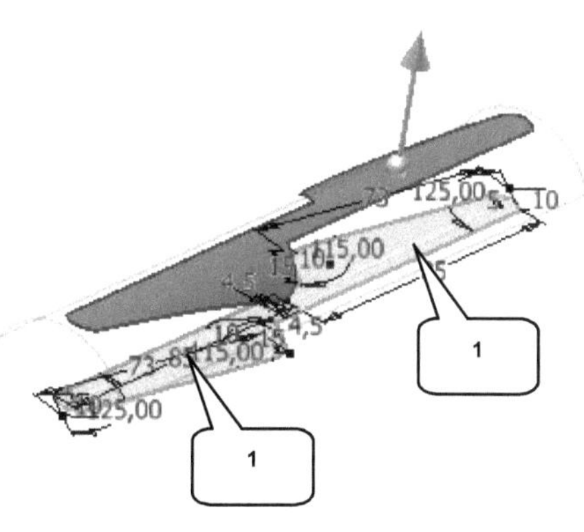

> ➢ **Extrusion**
> ➢ Profil: Beide Konturhälften wählen (1)
> ➢ Verfahren: Schnittmenge (2)
> ➢ Größe: Alle (3)

> ➢ Richtung: Symmetrisch (4)
> ➢ Ausgabe: Volumenkörper (5)
> ➢ **OK**

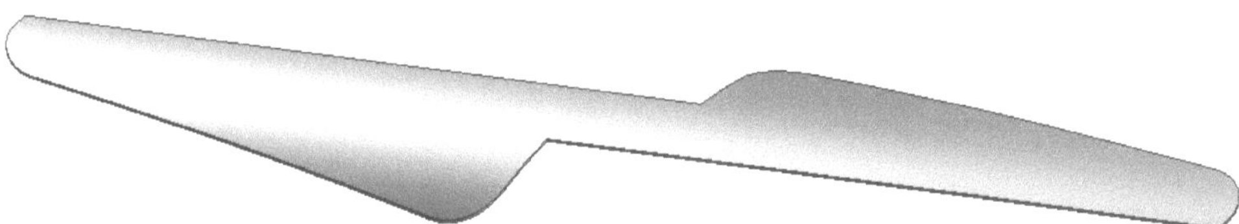

10.6 Erstellen einer weiteren Skizze

Die letzte **Skizze** dieses Bauteils wird auf der XZ-Ebene erzeugt.

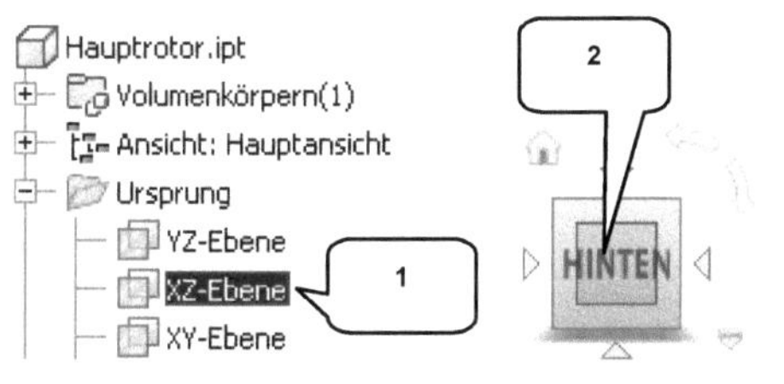

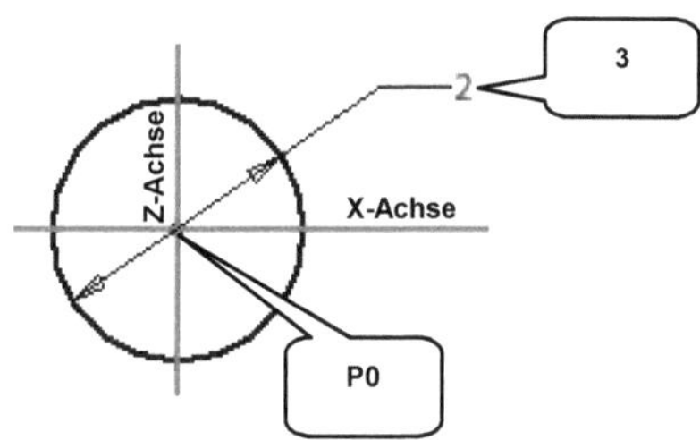

➢ **2D-Skizze starten**	➢ **Kreis durch Mittelpunkt**
➢ XZ-Ebene im Browser wählen (1)	➢ Punkt 1: Koordinatenursprung (P0)
	➢ Punkt 2: Frei ablegen
➢ **ViewCube-Ansicht: HINTEN** (2)	➢ **Taste: ESC**
➢ **Geometrie projizieren**	➢ **Bemaßung**
➢ 3-Hauptachsen wählen	➢ Kreisdurchmesser: [2 mm] (3)
➢ **Taste: ESC**	➢ **Taste: ESC**
➢ **Taste: F7** (Skizze aufschneiden)	➢ **Skizze fertig stellen**

10.7 Extrudieren des Kreises in Richtung des Volumenkörpers

Der Kreis soll in Richtung des vorhandenen Volumenkörpers *extrudiert* werden. Da er keine planare Form aufweist, muss die Option *Zur Nächsten* verwendet werden. Nur dann ist gewährleistet, dass das extrudierte Element sauber an der bauchigen Oberfläche anschließt.

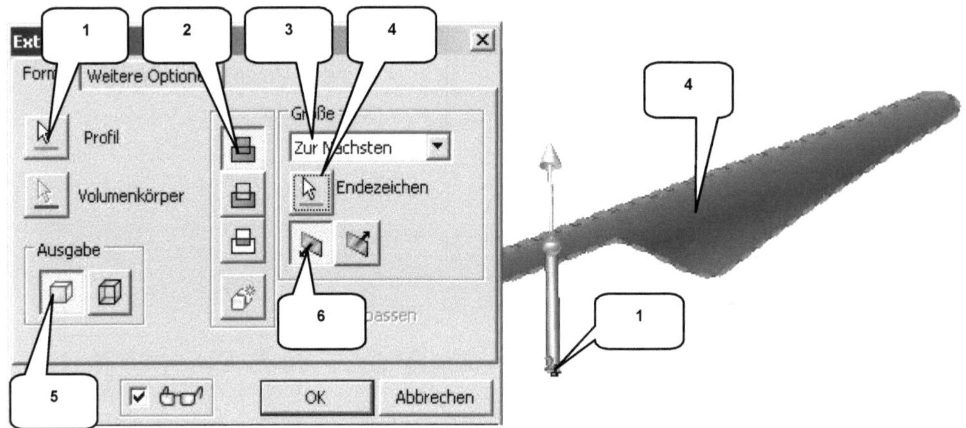

➢ **Extrusion**	➢ Endezeichen: Volumenkörper (4)
➢ Profil: Kreis wählen (1)	➢ Ausgabe: Volumenkörper (5)
➢ Verfahren: Vereinigung (2)	➢ Richtung: Richtung 1 (6)
➢ Größe: Zur Nächsten (3)	➢ **OK**

Das Bauteil kann jetzt unter dem Dateinamen *Hauptrotor* (Dateityp: *.ipt) *gespeichert* und anschließend *geschlossen* werden.

11 Bauteil: Heckrotor

11.1 Erstellen der neuen Datei und Zeichnen der ersten Konturen

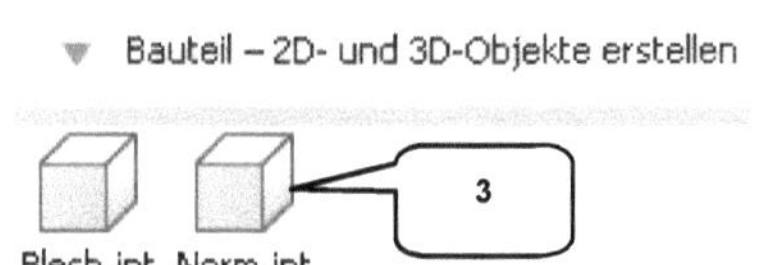

Im nächsten Schritt soll der **Heckrotor** konstruiert werden, wofür ein neues Bauteil zu erzeugen ist.

In der sich öffnenden Skizze sind die 3 Hauptachsen zu *projizieren* und eine *Ellipse* (4) zu zeichnen und zu bemaßen.

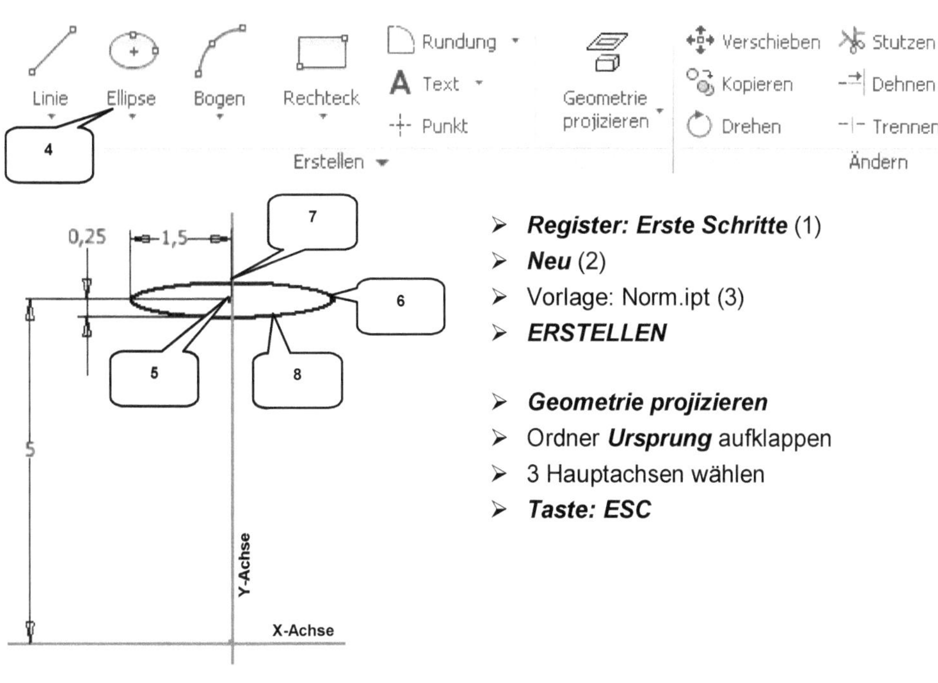

> **Register: Erste Schritte** (1)
> **Neu** (2)
> Vorlage: Norm.ipt (3)
> **ERSTELLEN**

> **Geometrie projizieren**
> Ordner **Ursprung** aufklappen
> 3 Hauptachsen wählen
> **Taste: ESC**

> ***Ellipse*** (4)
> ➢ Punkt 1: Auf Y-Achse ablegen (5)
> ➢ Punkt 2: Auf Pos. (6) ablegen
> ➢ Punkt 3: Auf Pos. (7) ablegen
> ➢ ***Taste: ESC***
>
> ➢ ***Bemaßung***
> ➢ Ellipsen-Mittelpunkt (5) wählen
> ➢ Projizierte X-Achse wählen
> ➢ Abstand: [5 mm]
> ➢ ***Taste: ENTER***

➢ Ellipsen-Kontur wählen (8)
➢ Maß oberhalb der Kontur ablegen
➢ Breite: [1,5 mm]
➢ ***Taste: ENTER***

➢ Ellipsen-Kontur wählen (8)
➢ Maß links neben der Kontur ablegen
➢ Höhe: [0,25 mm]
➢ ***Taste: ENTER***
➢ ***Taste: ESC***

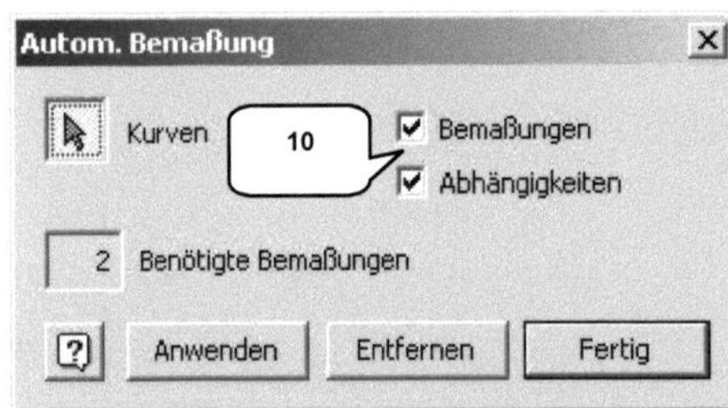

➢ ***Automatische Bemaßung*** (9)
➢ Aktivieren: Bemaßungen (10)
➢ Aktivieren: Abhängigkeiten (10)
➢ ***ANWENDEN*** (falls erforderlich)
➢ ***FERTIG***

➢ ***Skizze fertig stellen***

11.2 Erzeugen neuer Arbeitsebenen und weiterer Skizzen

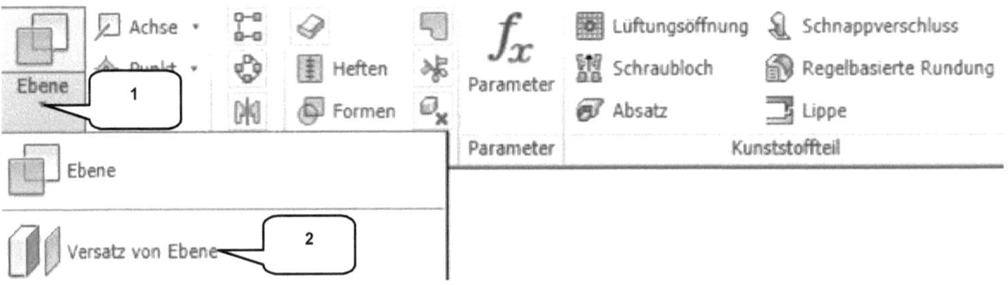

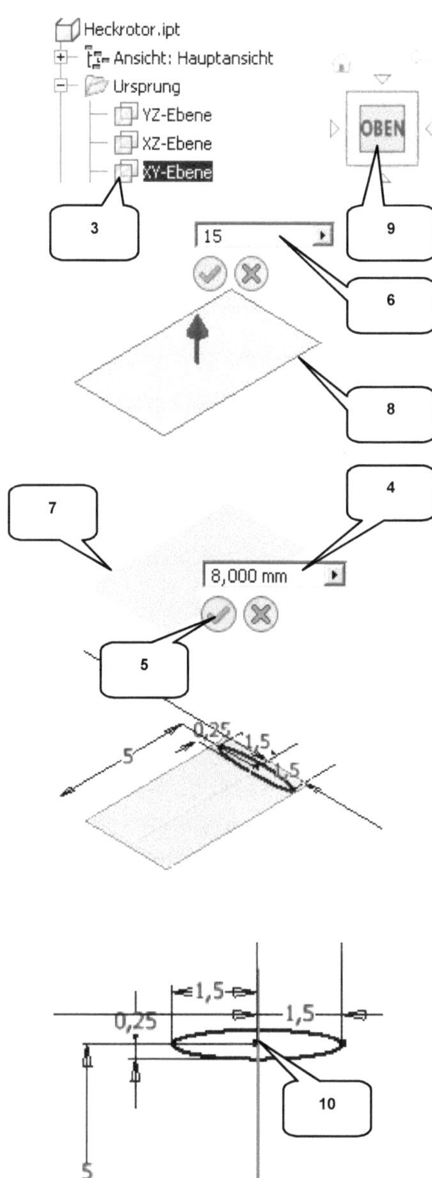

Vor dem Zeichnen der Basiskontur sollen 2 weitere Ebenen erstellt werden, die parallel zur XY-Ebene und in bestimmten Abständen zu ihr angeordnet werden. Hierfür ist der Befehl *Versatz von Ebene* (2) zu verwenden. Vorab sollte das neue Bauteil allerdings gesichert werden.

- ➢ *Speichern*
- ➢ Dateiname: *Heckrotor*
- ➢ Dateityp: (*.ipt)
- ➢ *Speichern*

- ➢ Befehlsgruppe *Ebene* aufklappen (1)

- ➢ *Versatz von Ebene* (2)
- ➢ XY-Ebene (Ordner *Ursprung*) wählen (3)
- ➢ Abstand: [8 mm] (4)
- ➢ *OK* (5)

- ➢ *Versatz von Ebene* (2)
- ➢ XY-Ebene (Ordner *Ursprung*) wählen (3)
- ➢ Abstand: [15 mm] (6)
- ➢ *OK*

- ➢ *2D-Skizze starten*
- ➢ Ebene mit Abstand 8 mm wählen (7) (Ebene an der Kante greifen!)

- ➢ *ViewCube-Ansicht: OBEN* (9)

- ➢ *Geometrie projizieren*
- ➢ Ellipsenmittelpunkt aus erster Skizze wählen (10)
- ➢ *Taste: ESC*

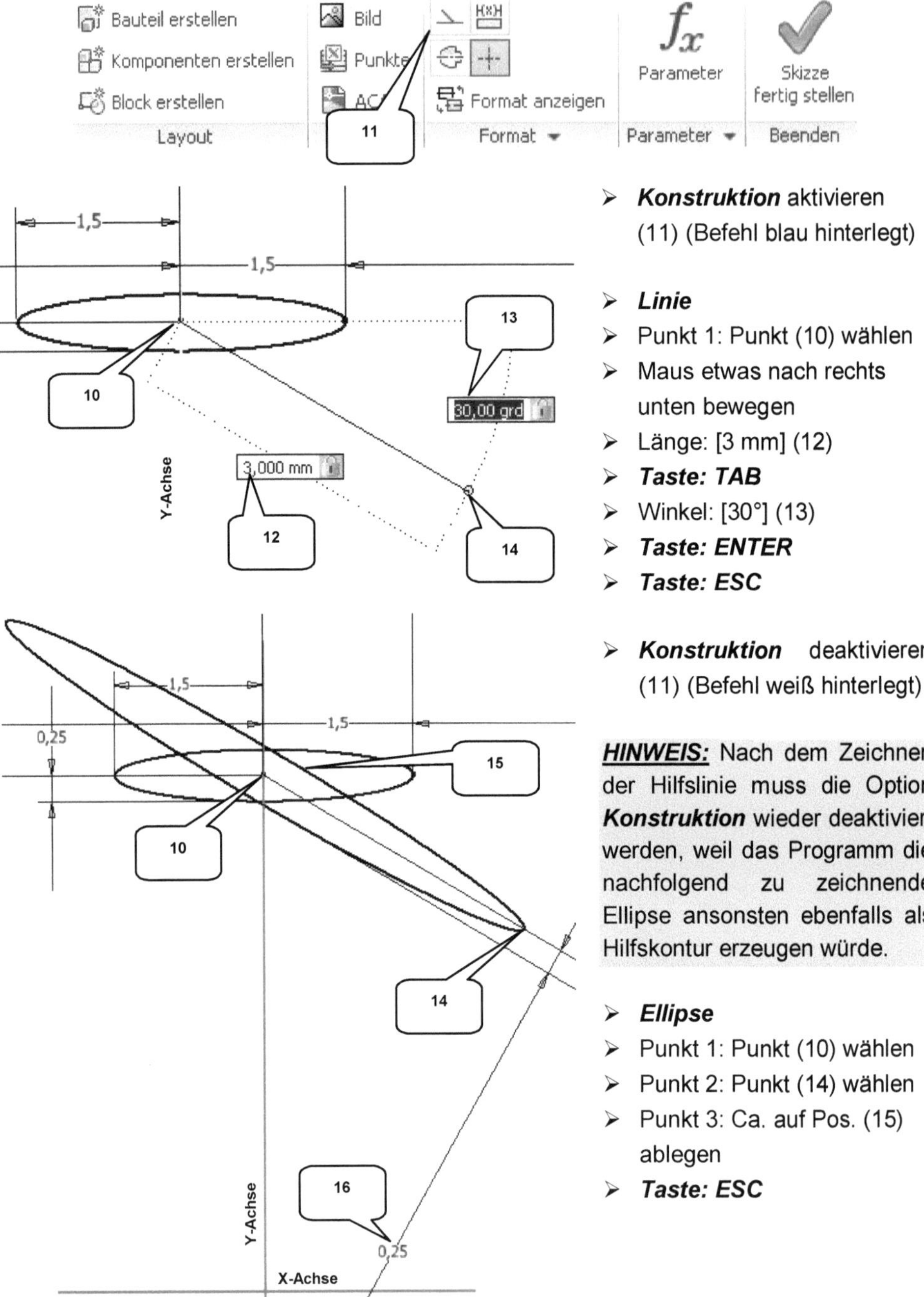

> **_Konstruktion_** aktivieren (11) (Befehl blau hinterlegt)

> **_Linie_**
> Punkt 1: Punkt (10) wählen
> Maus etwas nach rechts unten bewegen
> Länge: [3 mm] (12)
> **_Taste: TAB_**
> Winkel: [30°] (13)
> **_Taste: ENTER_**
> **_Taste: ESC_**

> **_Konstruktion_** deaktivieren (11) (Befehl weiß hinterlegt)

HINWEIS: Nach dem Zeichnen der Hilfslinie muss die Option **_Konstruktion_** wieder deaktiviert werden, weil das Programm die nachfolgend zu zeichnende Ellipse ansonsten ebenfalls als Hilfskontur erzeugen würde.

> **_Ellipse_**
> Punkt 1: Punkt (10) wählen
> Punkt 2: Punkt (14) wählen
> Punkt 3: Ca. auf Pos. (15) ablegen
> **_Taste: ESC_**

> **Bemaßung**
> Ellipse wählen
> Maß in etwa auf Pos. (16) ablegen
> Höhe: [0,25 mm]

> **Taste: ENTER**
> **Taste: ESC**

> **Skizze fertig stellen**

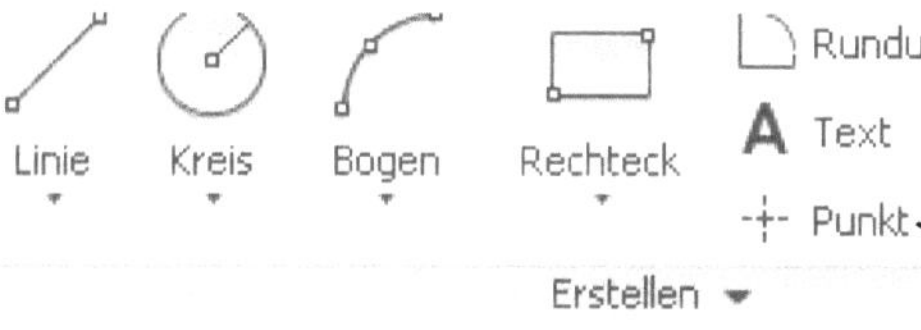

> **2D-Skizze starten**
> Ebene mit Abstand 15 mm (8) wählen (Ebene an der Kante greifen!)

> **ViewCube-Ansicht: OBEN** (9)

> **Geometrie projizieren**
> Ellipsenmittelpunkt (10) wählen
> **Taste: ESC**

> **Punkt** (17)
> Ellipsenmittelpunkt (10) wählen
> **Taste: ESC**

> **Skizze fertig stellen**

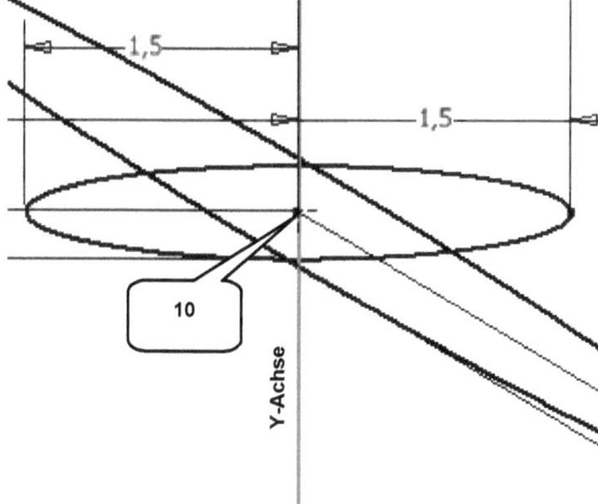

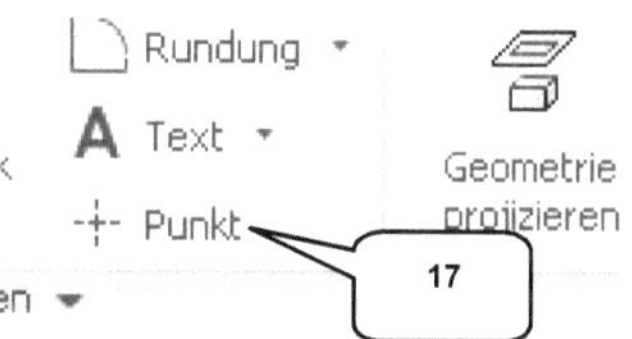

Vor dem nächsten Schritt sollten die beiden zuletzt neu erzeugten Arbeitsebenen (18) ausgeblendet werden. Hierfür ist mit der rechten Maustaste auf die jeweilige Arbeitsebene zu klicken und diese durch Deaktivieren der Option **Sichtbarkeit** auszublenden.

> Beide Arbeitsebenen markieren (18)
> **Rechte Maustaste** auf eine der markierten Arbeitsebenen
> Deaktivieren: Sichtbarkeit

11.3 Ersten Flügel mittels Erhebung erzeugen

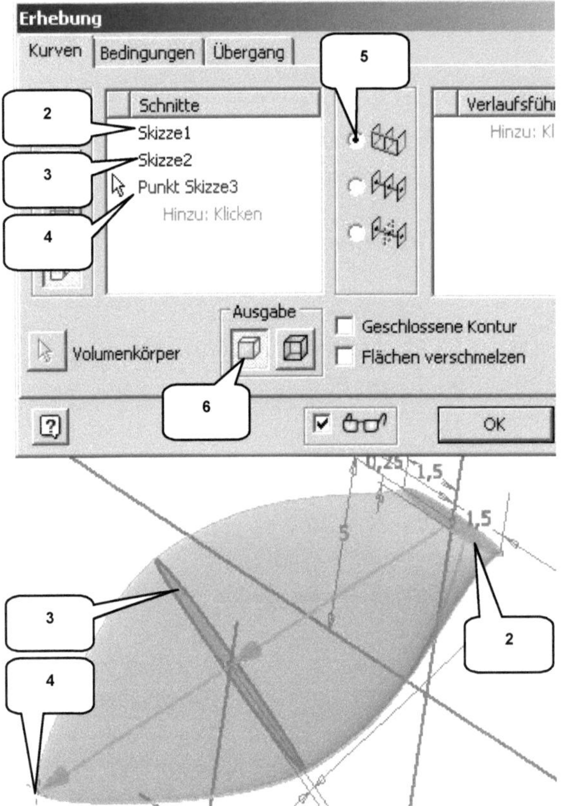

Um die Konturen der drei zuletzt erzeugten Skizzen miteinander verbinden und daraus einen zusammenhängenden Volumenkörper generieren zu können, soll der Befehl **Erhebung** (1) verwendet werden.

- ➤ **Erhebung** (1)
- ➤ Ellipse aus Skizze 1 wählen (2)
- ➤ Ellipse aus Skizze 2 wählen (3)
- ➤ Punkt aus Skizze 3 wählen (4)
- ➤ Option: Verlaufsführung (5)
- ➤ Ausgabe: Volumenkörper (6)

- ➤ **Register: Bedingungen** (7)
- ➤ Bedingung 1: Freie Beding. (8)
- ➤ Bedingung 2: Tangente (9)
- ➤ Gewicht 2: [3] (10)
- ➤ **OK**

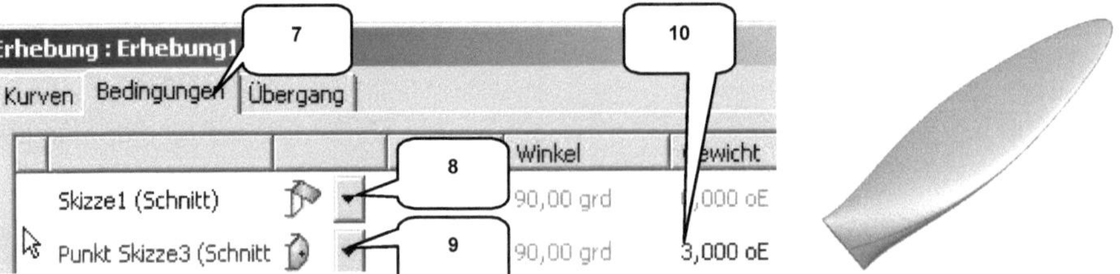

11.4 Zweiten Flügel mittels runder Anordnung erzeugen

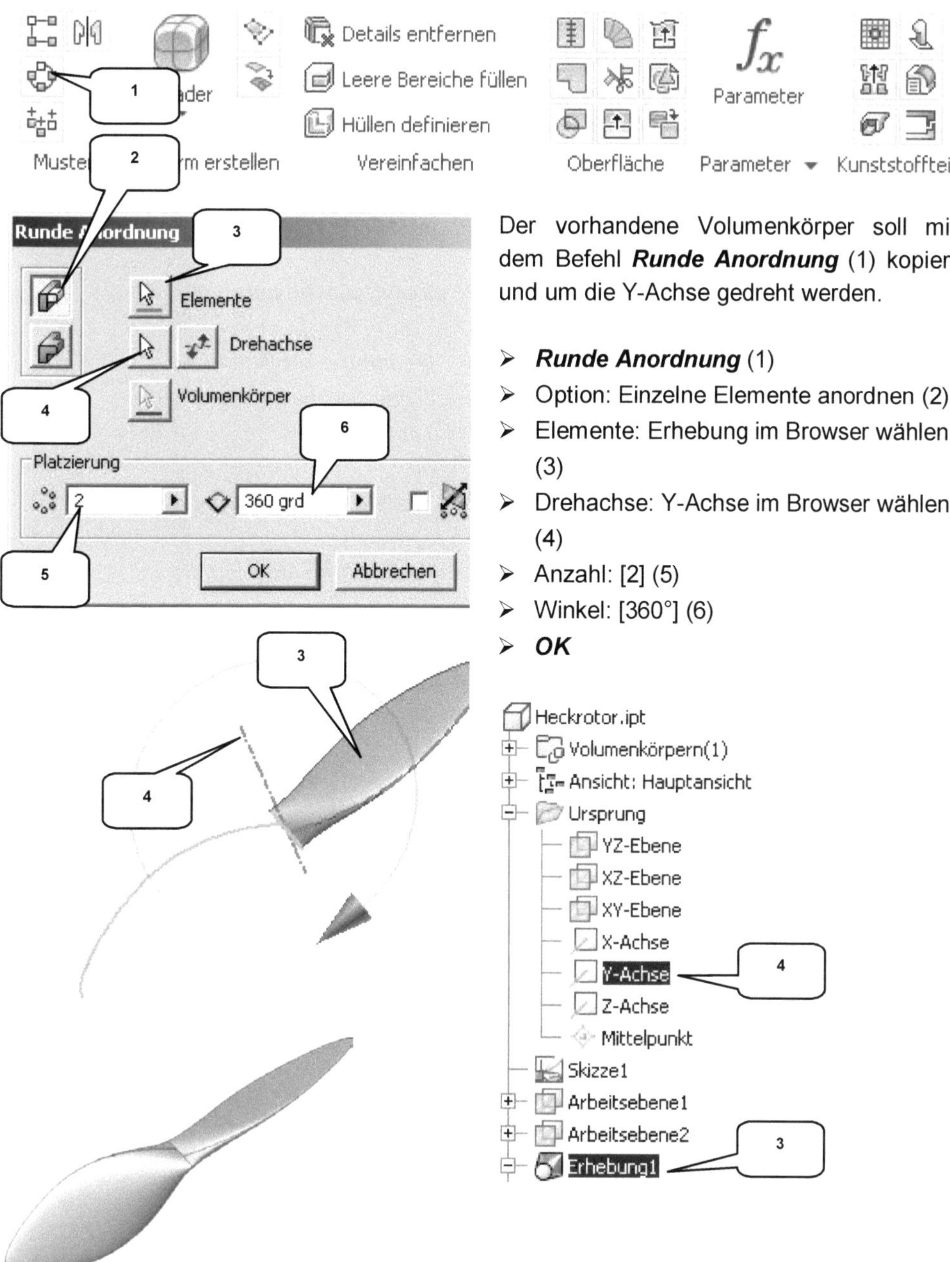

Der vorhandene Volumenkörper soll mit dem Befehl **Runde Anordnung** (1) kopiert und um die Y-Achse gedreht werden.

➢ **Runde Anordnung** (1)
➢ Option: Einzelne Elemente anordnen (2)
➢ Elemente: Erhebung im Browser wählen (3)
➢ Drehachse: Y-Achse im Browser wählen (4)
➢ Anzahl: [2] (5)
➢ Winkel: [360°] (6)
➢ **OK**

11.5 Extrudieren der Welle

Im letzten Arbeitsschritt für dieses Bauteil ist die Antriebswelle des Heckrotors zu konstruieren. Hierfür muss eine neue 2D-Skizze auf der XZ-Ebene erzeugt, ein Kreis gezeichnet und anschließend extrudiert werden. Dabei ist darauf zu achten, bündig an den vorhandenen Volumenkörper anzuschließen (Option: Zur Nächsten).

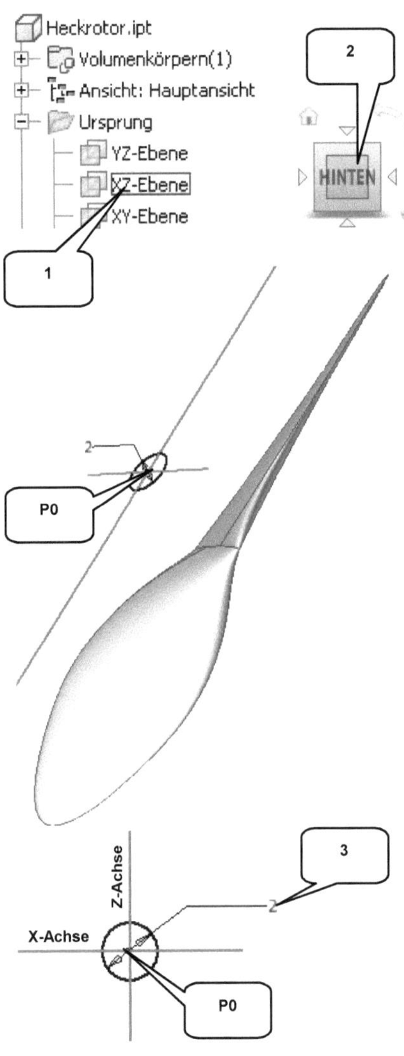

- ➤ **2D-Skizze starten**
- ➤ XZ-Ebene im Browser wählen (1)

- ➤ **ViewCube-Ansicht: HINTEN** (2)

- ➤ **Geometrie projizieren**
- ➤ 3 Hauptachsen wählen
- ➤ **Taste: ESC**

- ➤ **Taste: F7** (Skizze aufschneiden)

- ➤ **Kreis durch Mittelpunkt**
- ➤ Kreismittelpunkt: Koordinatenursprungspunkt (P0)
- ➤ 2. Punkt des Kreises frei ablegen
- ➤ **Taste: ESC**

- ➤ **Bemaßung**
- ➤ Kreisdurchmesser: [2 mm] (3)
- ➤ **Taste: ESC**

- ➤ **Skizze fertig stellen**

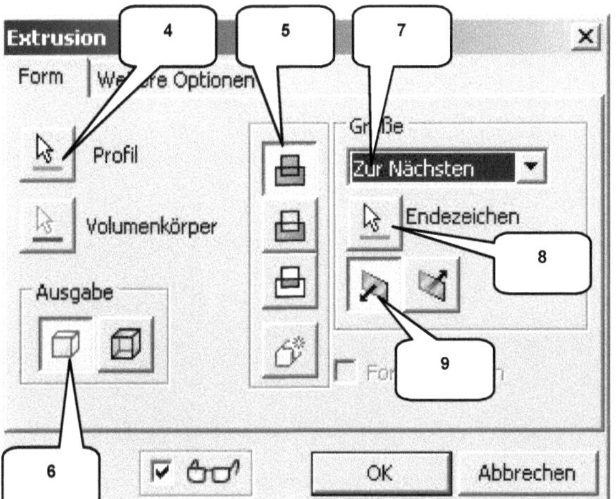

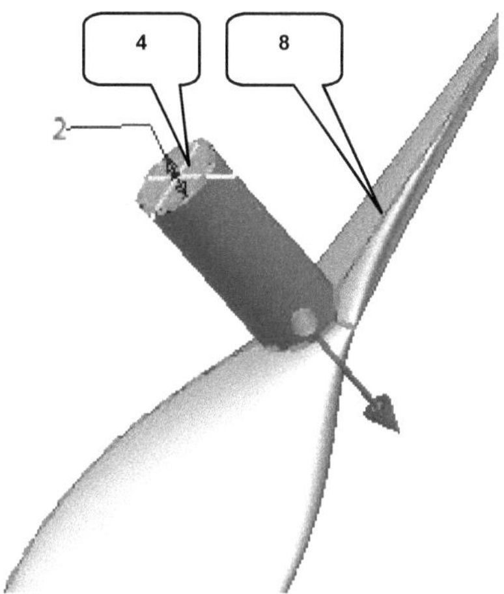

> ***Extrusion***
> ➢ Profil: Kreis (4)
> ➢ Verfahren: Vereinigung (5)
> ➢ Ausgabe: Volumenkörper (6)
> ➢ Größe: Zur Nächsten (7)
> ➢ Endezeichen: (automatisch) (8)
> ➢ Richtung: Richtung 1 (9)
> ➢ ***OK***
>
> ➢ ***Speichern***
> ➢ ***Datei schließen***

12 Bauteil: Turbinengehäuse

12.1 Erstellen der neuen Datei und Zeichnen der ersten Kontur

Bauteil – 2D- und 3D-Objekte erstellen

Blech.ipt   Norm.ipt

3

Im nächsten Schritt soll das **Turbinengehäuse** konstruiert werden, wofür ein neues Bauteil zu erzeugen ist.

In der sich öffnenden Skizze sind die 3 Hauptachsen zu **projizieren** und eine Linienkontur aus 3 zusammenhängenden **Linien** ist zu zeichnen.

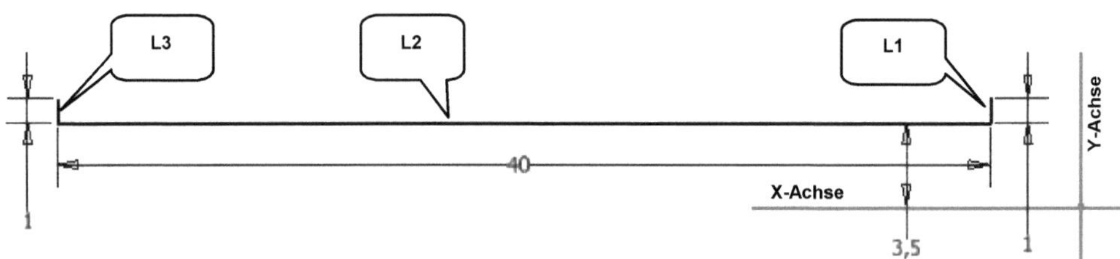

> ➤ **Register: Erste Schritte** (1)
> ➤ **Neu** (2)
> ➤ Vorlage: Norm.ipt (3)
> ➤ **ERSTELLEN**
>
> ➤ **Geometrie projizieren**
> ➤ Ordner **Ursprung** aufklappen
> ➤ 3 Hauptachsen wählen
> ➤ **Taste: ESC**

> ➤ **Linie**
> ➤ Linienkontur aus 3 Linien (L1...L3) oberhalb der X-Achse zeichnen wie dargestellt
> ➤ **Taste: ESC**
>
> ➤ **Bemaßung**
> ➤ Linien bemaßen wie dargestellt
> ➤ **Taste: ESC**

➢ **Abhängigkeit Koinzident** (3)	➢ Punkt (P3) wählen
➢ Mittelpunkt (P1) der Linie (L2) wählen	➢ Maus etwas nach oben ziehen
➢ Projizierte Y-Achse wählen	➢ Radius: [220 mm] eingeben (4)
➢ **Taste: ESC**	➢ **Taste: ENTER**
	➢ **Taste: ESC**
➢ **Bogen aus 3 Punkten**	
➢ Punkt (P2) wählen	➢ **Skizze fertig stellen**

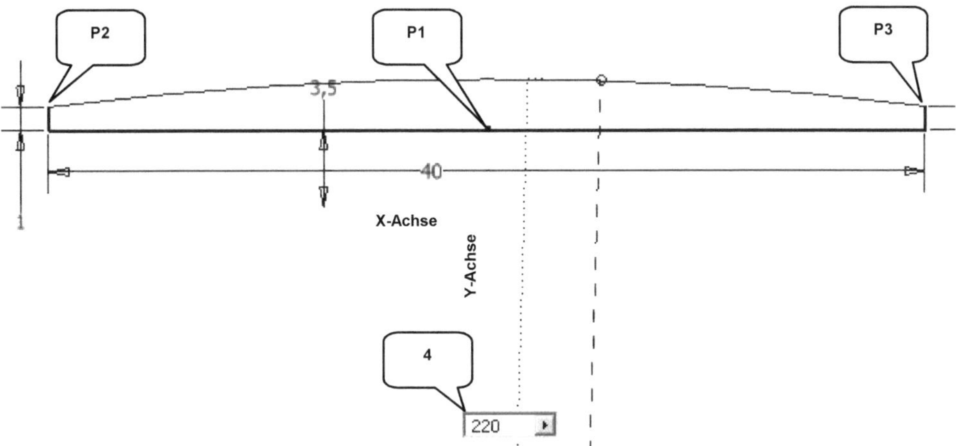

12.2 Volumenkörper durch Drehung erzeugen

Die geschlossene Kontur aus der vorherigen Skizze soll jetzt um 360° um die X-Achse gedreht und somit in einen Volumenkörper konvertiert werden. Hier ist der Befehl **Drehung** (1) zu verwenden.

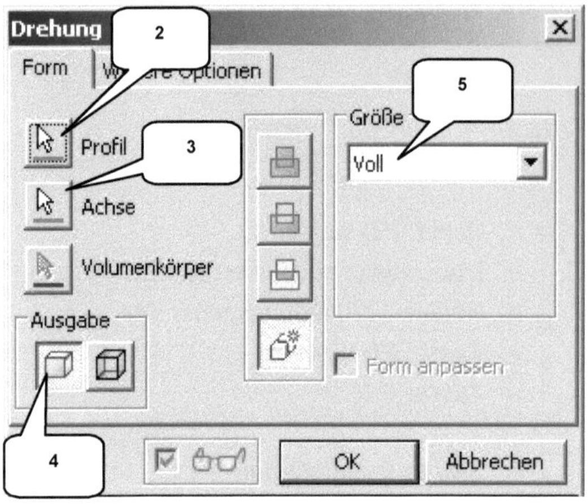

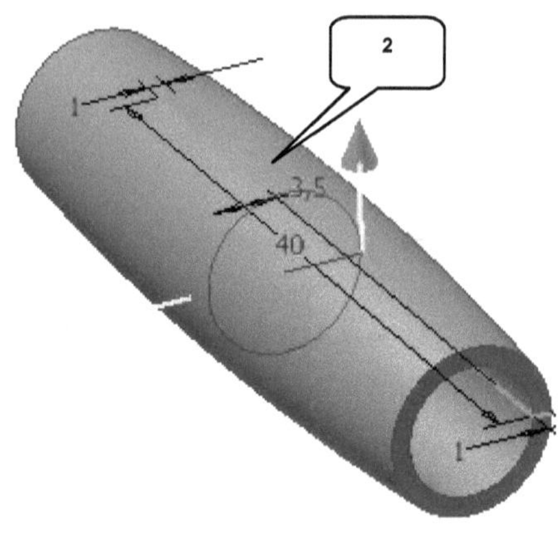

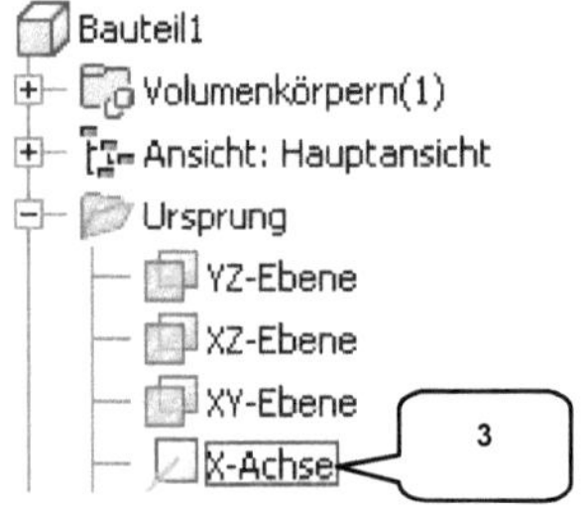

> **Drehung** (1)
> Profil: Kontur aus vorheriger Skizze (2)
> Achse: X-Achse (3)
> Ausgabe: Volumenkörper (4)
> Größe: Voll (5)
> **OK**

12.3 Erzeugen einer neuen Arbeitsebene

Der folgende Volumenkörper benötigt eine neue **Arbeitsebene**, welche parallel zur XY-Ebene liegt und in einem Abstand von 8,5 mm zu dieser angeordnet ist.

> **Versatz von Ebene**
> XY-Ebene (Ordner **Ursprung**) wählen
> Abstand: [8,5 mm]
> **OK**

12.4 Skizze zeichnen und Kontur extrudieren

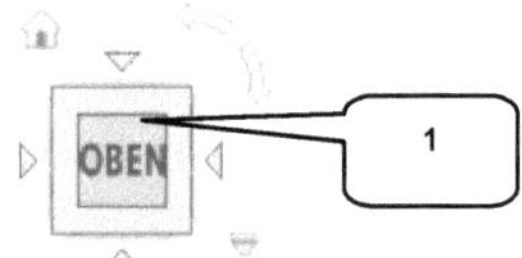

> **2D-Skizze starten**
> Neu erzeugte Ebene wählen (Ebene an einer Kante anwählen)

> **ViewCube-Ansicht: OBEN** (1)

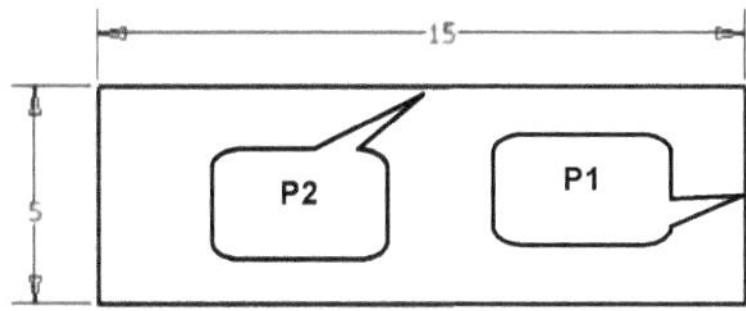

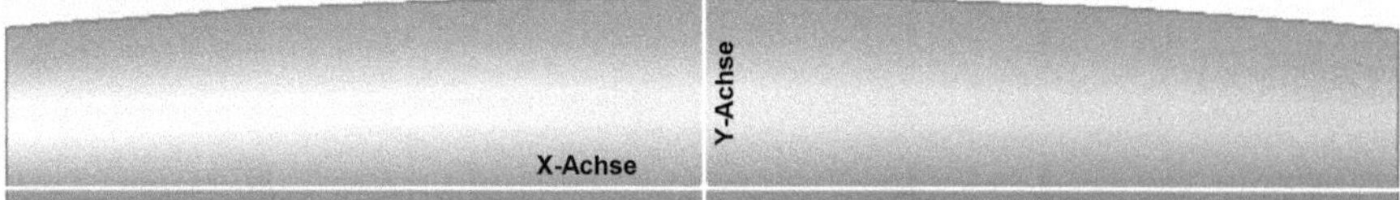

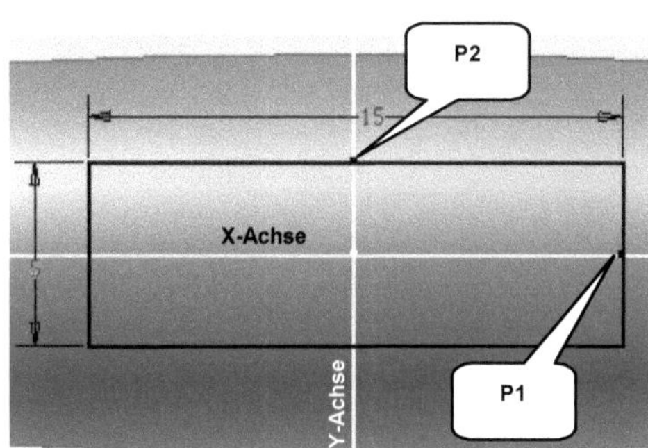

> ***Geometrie projizieren***
> ➢ 3 Hauptachsen wählen
> ***Taste: ESC***

> ***Rechteck durch zwei Punkte***
> ➢ Rechteck (15 x 5 mm) zeichnen und bemaßen wie dargestellt
> ***Taste: ESC***

> ***Abhängigkeit Koinzident***
> ➢ Linienmittelpunkt (P1) wählen
> ➢ Projizierte X-Achse wählen
> ➢ Linienmittelpunkt (P2) wählen
> ➢ Projizierte Y-Achse wählen
> ***Taste: ESC***

> ***Skizze fertig stellen***

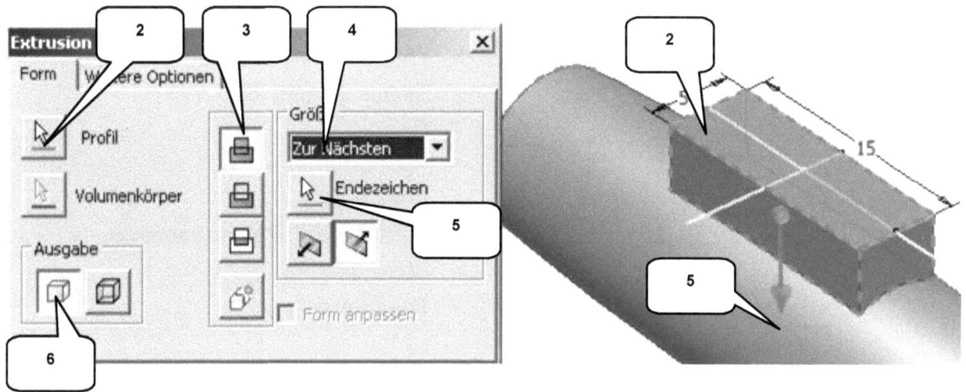

> ***Extrusion***
> ➤ Profil: Rechteck (2)
> ➤ Verfahren: Vereinigung (3)
> ➤ Größe: Zur Nächsten (4)

> ➤ Endezeichen: Volumenkörper (5)
> ➤ Ausgabe: Volumenkörper (6)
> ➤ ***OK***

Die neue Arbeitsebene kann jetzt wieder ausgeblendet werden (Option ***Sichtbarkeit*** der rechten Maustaste).

12.5 Runden der Außenkanten

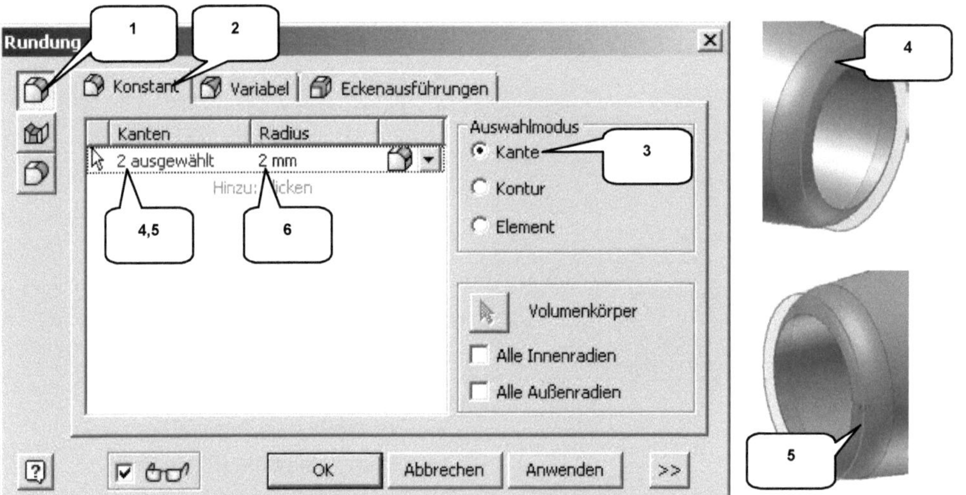

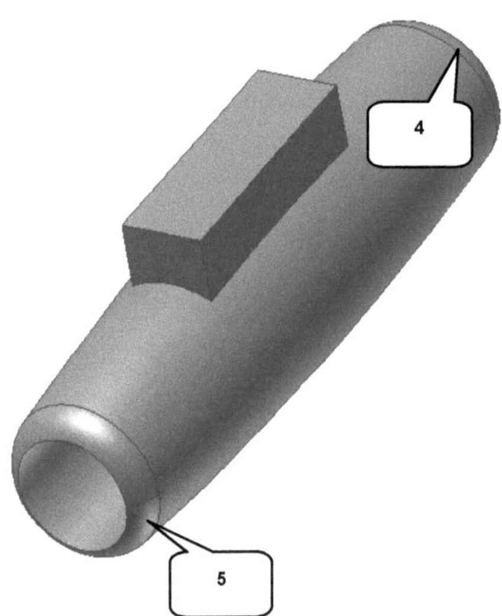

> ➤ ***Rundung***
> ➤ Option: Kantenabrundung (1)
> ➤ Reiter: Konstant (2)
> ➤ Auswahlmodus: Kante (3)
> ➤ Kanten: Zylinderkanten wählen (4, 5)
> ➤ Radius: [2 mm] (6)
> ➤ ***OK***

> ➤ ***Speichern***
> ➤ Dateiname: ***Turbinengehäuse***
> ➤ Dateityp: (*.ipt)
> ➤ ***Speichern***

> ➤ ***Datei schließen***

13 Bauteil: Turbineneinheit

13.1 Erstellen der neuen Datei und Zeichnen der ersten Kontur

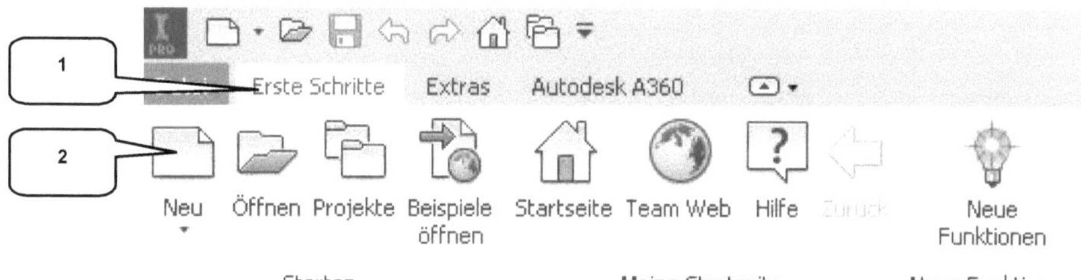

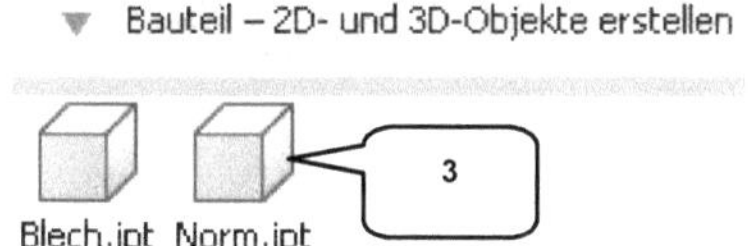

Im nächsten Schritt soll die **Turbinen-einheit** konstruiert werden. Hierfür ist ein neues Bauteil zu erzeugen.

In der sich öffnenden Skizze sind die 3 Hauptachsen zu **projizieren** und eine Linienkontur aus 6 zusammenhängenden **Linien** zu zeichnen und zu bemaßen.

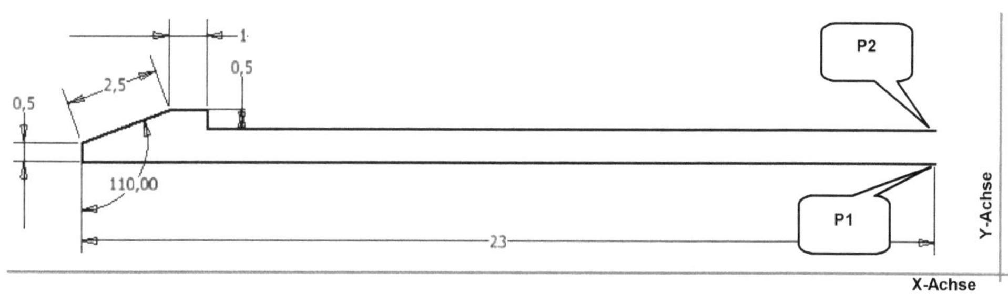

➤ **Register: Erste Schritte** (1)	➤ **Linie**
➤ **Neu** (2)	➤ Linienkontur oberhalb der X-Achse und links neben der Y-Achse zeichnen wie dargestellt
➤ Vorlage: Norm.ipt (3)	
➤ **ERSTELLEN**	➤ **Taste: ESC**
➤ **Geometrie projizieren**	
➤ Ordner **Ursprung** aufklappen	➤ **Bemaßung**
➤ 3 Hauptachsen wählen	➤ Linien bemaßen wie dargestellt
➤ **Taste: ESC**	➤ **Taste: ESC**

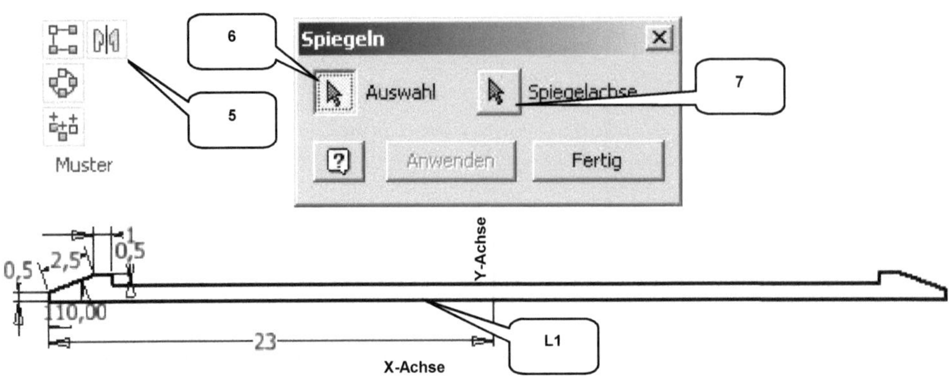

➤ **Abhängigkeit Koinzident** (4)	➤ Auswahl: Bei gedrückter linker Maustaste ein Fenster über die 6 Linien aufziehen (6)
➤ Punkt (P1) wählen	
➤ Projizierte Y-Achse wählen	➤ Spiegelachse: Y-Achse wählen (7)
➤ Punkt (P2) wählen	➤ **ANWENDEN**
➤ Projizierte Y-Achse wählen	➤ **FERTIG**
➤ **Taste: ESC**	
➤ **Spiegeln** (5)	

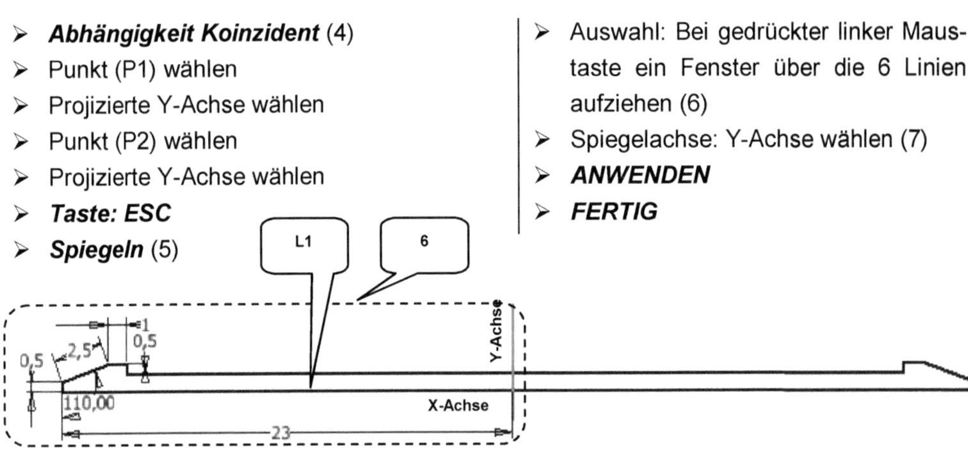

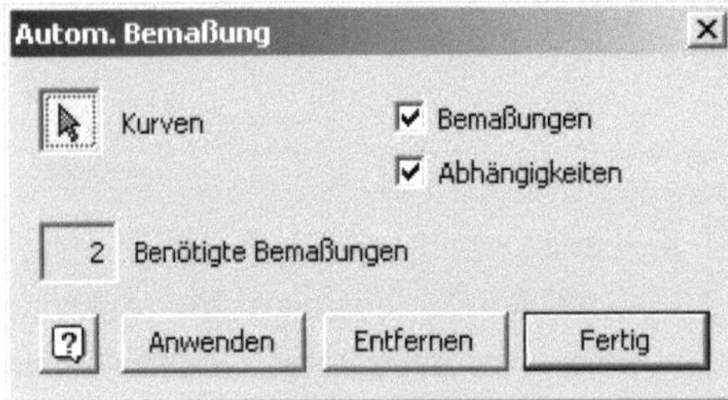

➤ **Rechte Maustaste** auf Linie (L1)

➤ Option: Kontur schließen

➤ Nacheinander alle Linien links und rechts neben der projizierten Y-Achse wählen, bis die Kontur geschlossen wurde

➤ **OK**

➤ **Abhängigkeit Kollinear** (8)

➤ Linie (L1) wählen

➤ Projizierte X-Achse wählen

➤ **Taste: ESC**

➤ **Automatisches Bemaßen** (9)
➤ Aktivieren: Bemaßungen
➤ Aktivieren: Abhängigkeiten

➤ **ANWENDEN** (falls verfügbar)
➤ **FERTIG**
➤ **Skizze fertig stellen**

13.2 Volumenkörper mittels Drehung erzeugen

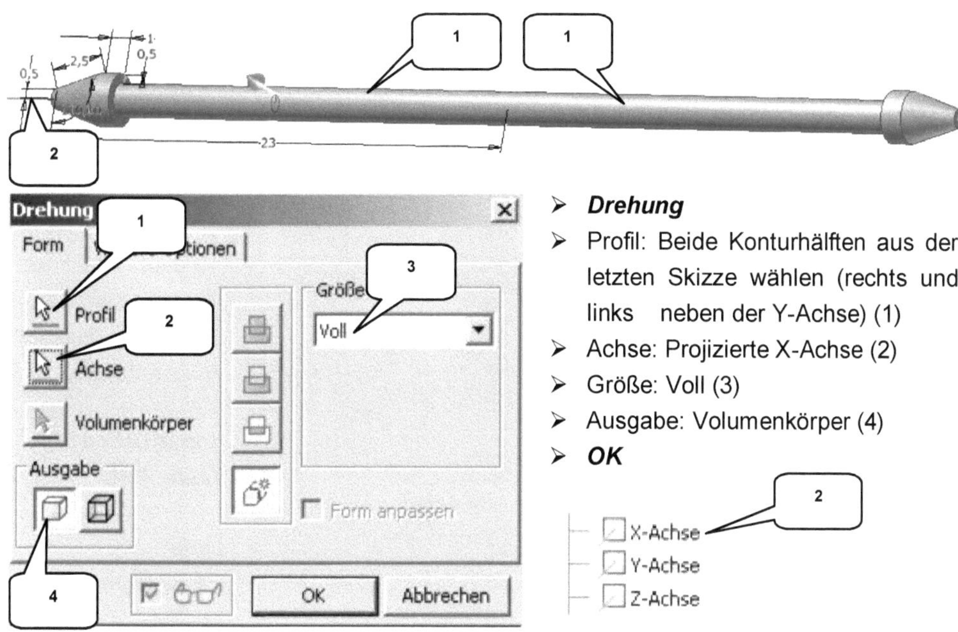

➤ **Drehung**
➤ Profil: Beide Konturhälften aus der letzten Skizze wählen (rechts und links   neben der Y-Achse) (1)
➤ Achse: Projizierte X-Achse (2)
➤ Größe: Voll (3)
➤ Ausgabe: Volumenkörper (4)
➤ **OK**

13.3 Zeichnen und Extrudieren einer weiteren Skizze

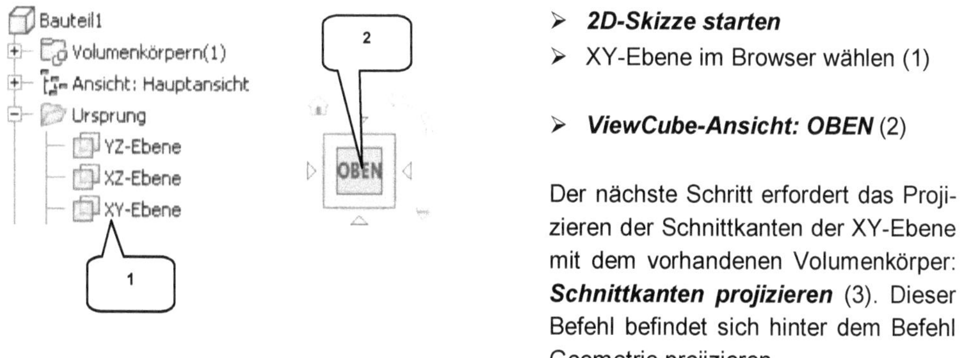

➤ **2D-Skizze starten**
➤ XY-Ebene im Browser wählen (1)

➤ **ViewCube-Ansicht: OBEN** (2)

Der nächste Schritt erfordert das Projizieren der Schnittkanten der XY-Ebene mit dem vorhandenen Volumenkörper: **Schnittkanten projizieren** (3). Dieser Befehl befindet sich hinter dem Befehl Geometrie projizieren.

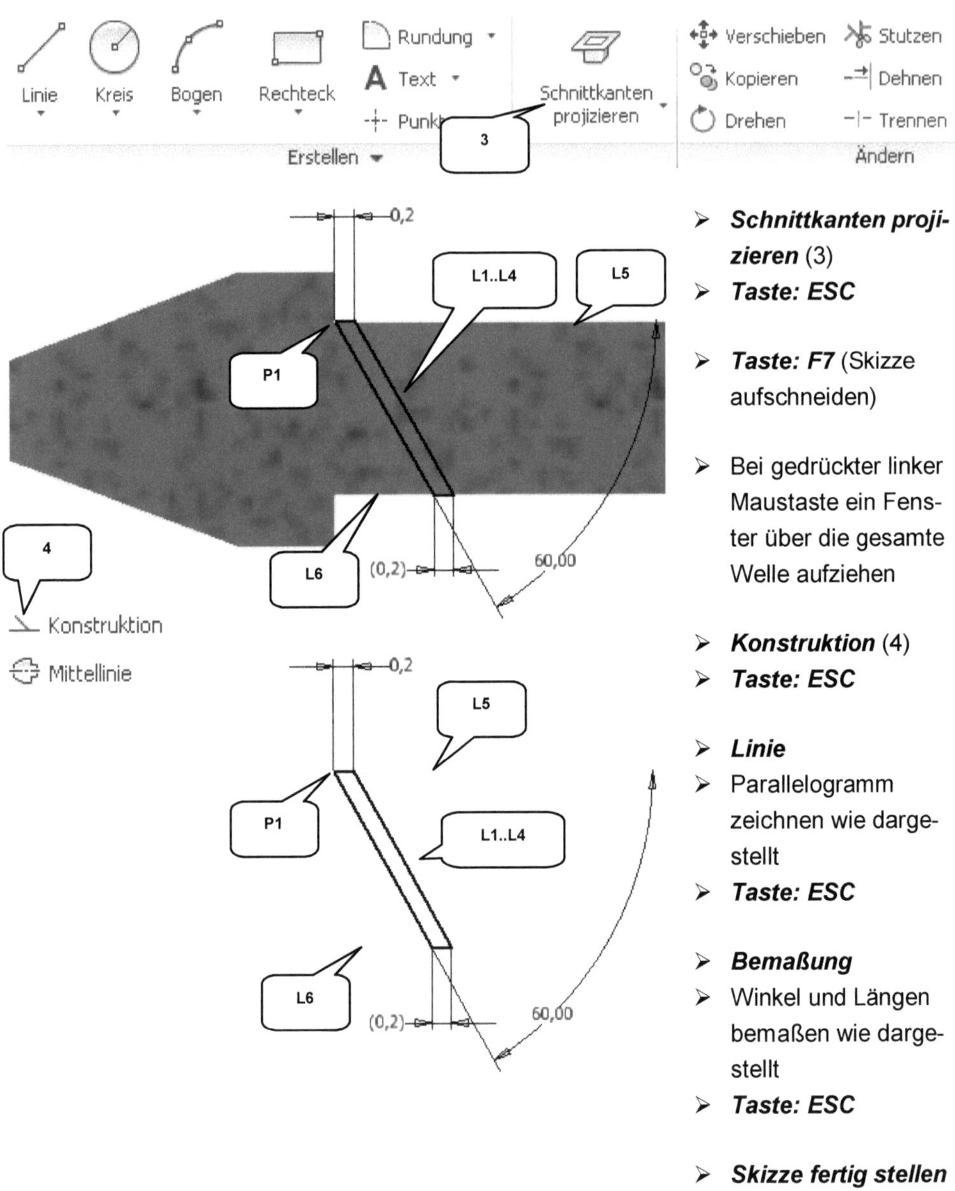

> **Schnittkanten projizieren** (3)
> **Taste: ESC**

> **Taste: F7** (Skizze aufschneiden)

> Bei gedrückter linker Maustaste ein Fenster über die gesamte Welle aufziehen

> **Konstruktion** (4)
> **Taste: ESC**

> **Linie**
> Parallelogramm zeichnen wie dargestellt
> **Taste: ESC**

> **Bemaßung**
> Winkel und Längen bemaßen wie dargestellt
> **Taste: ESC**

> **Skizze fertig stellen**

HINWEIS: Die beiden kurzen waagerechten Linien (Länge: 0,2 mm) sind kollinear auf die dahinter projizierten Linien der Welle (L5, L6) auszurichten. Der Punkt (P1) stellt die projizierte Ecke der Wellengeometrie dar.

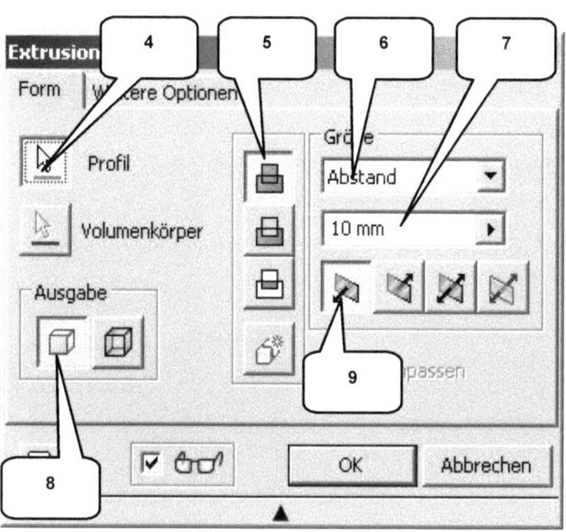

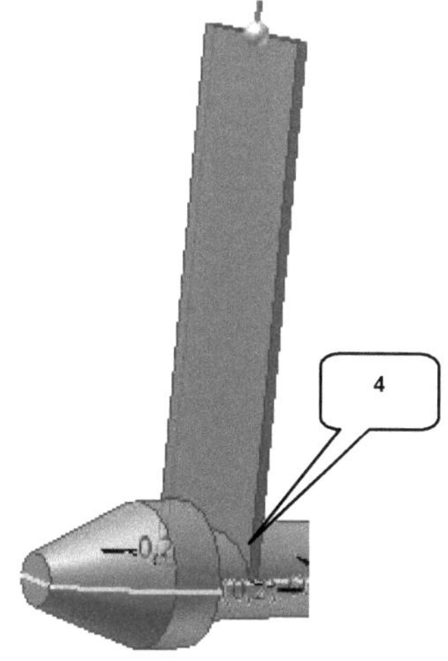

- > *Extrusion*
- > Profil: Parallelogramm (4)
- > Verfahren: Vereinigung (5)
- > Größe: Abstand (6)
- > Wert: [10 mm] (7)
- > Ausgabe: Volumenkörper (8)
- > Richtung: Richtung 1 (9)
- > *OK*

13.4   Weitere Elemente mittels runder Anordnung erzeugen

Weitere Elemente sind durch eine *runde Anordnung* um die X-Achse zu erzeugen.

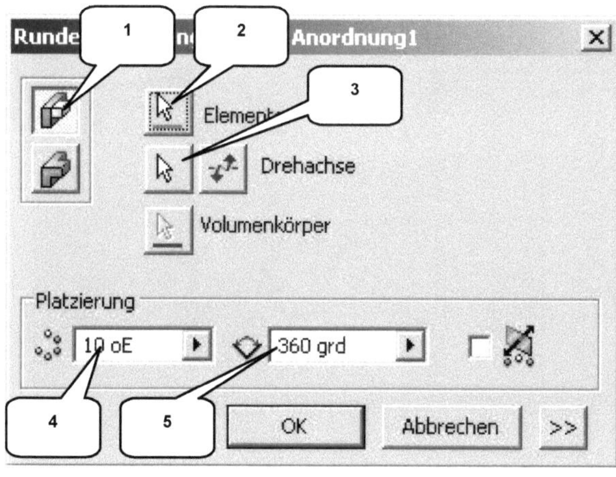

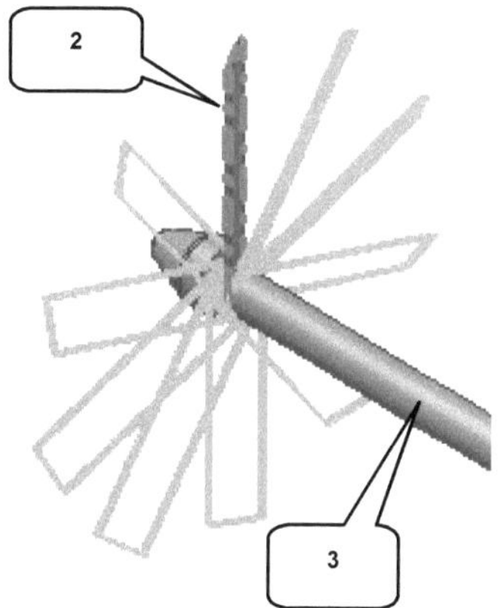

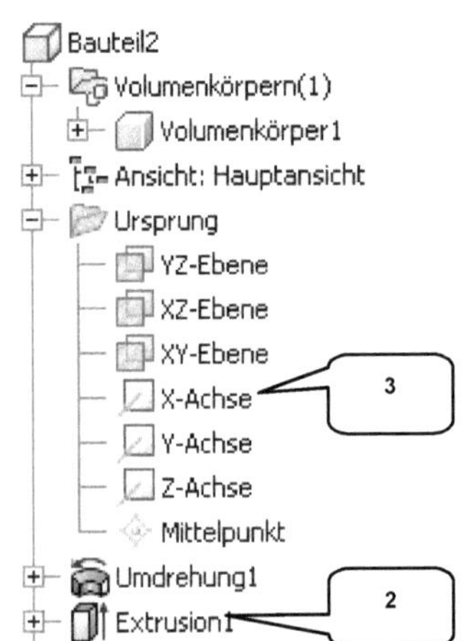

- ➢ **Runde Anordnung**
- ➢ Option: Einzelne Elemente anordnen (1)
- ➢ Elemente: Letzte Extrusion im Browser wählen (2)
- ➢ Drehachse: X-Achse im Browser wählen (3)
- ➢ Anzahl: [10] (4)
- ➢ Winkel: [360°] (5)
- ➢ **OK**

13.5 Erzeugen einer rechteckigen Anordnung

Die soeben erzeugte Anordnung muss nun auch auf die gegenüberliegende Seite der Welle übertragen werden. Hier ist der Befehl **Rechteckige Anordnung** (1) zu verwenden.

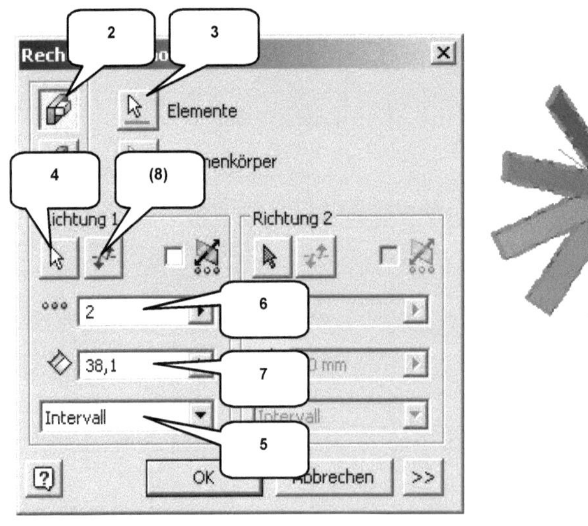

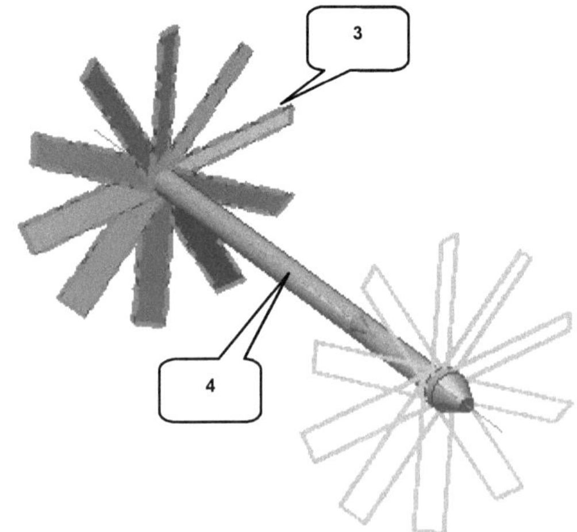

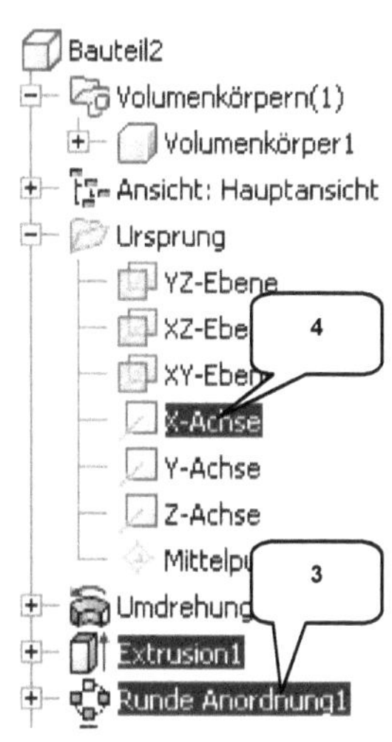

> ***Rechteckige Anordnung*** (1)
> Option: Einzelne Elemente anordnen (2)
> Elemente: Runde Anordnung im Browser wählen (3)
> Richtung 1: X-Achse (4)
> Option: Intervall (5)
> Anzahl: [2] (6)
> Abstand: [38,1 mm] (7)
> ***OK***

HINWEIS: Die Anordnung muss entlang der X-Achse und in Richtung des vorhandenen Volumenkörpers verlaufen. Die durch die Anordnung erzeugte Kopie muss also auf der gegenüberliegenden Wellenseite liegen. Sollte dies nicht der Fall sein, kann mit der Taste ***Umschalten*** (8) korrigiert werden.

13.6 Erzeugen einer Schnittmengen-Geometrie

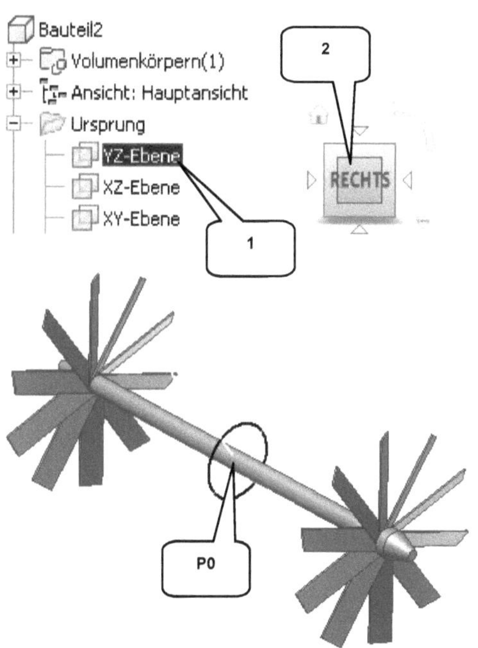

> ***2D-Skizze starten***
> YZ-Ebene im Browser wählen (1)

> ***ViewCube-Ansicht: RECHTS*** (2)
> ***Taste: F7*** (Skizze aufschneiden)

> ***Geometrie projizieren***
> 3 Hauptachsen wählen
> ***Taste: ESC***

> ***Kreis durch Mittelpunkt***
> Punkt 1: Koordinatenursprung (P0)
> Punkt 2: Frei ablegen
> ***Taste: ESC***

> ***Bemaßung***
> Kreisdurchmesser: [7 mm]
> ***Taste: ESC***

> ***Skizze fertig stellen***

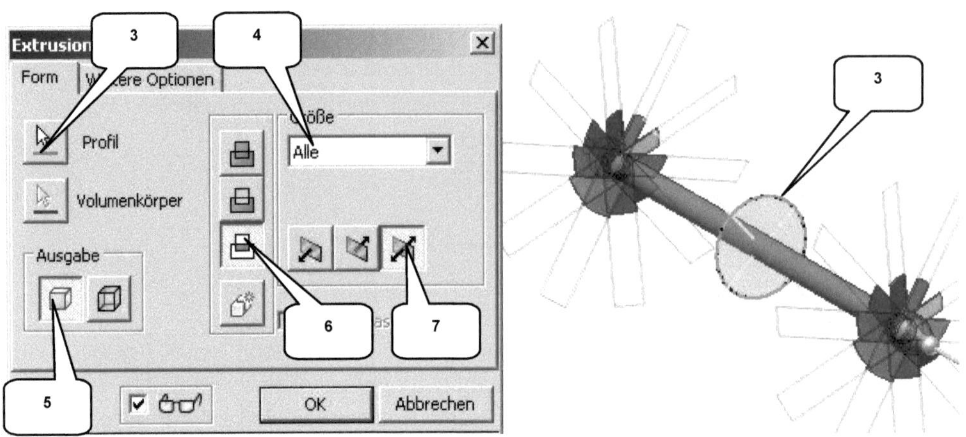

- ➤ *Extrusion*
- ➤ Profil: Kreis (3)
- ➤ Größe: Alle (4)
- ➤ Ausgabe: Volumenkörper (5)
- ➤ Verfahren: Schnittmenge (6)
- ➤ Richtung: Symmetrisch (7)
- ➤ *OK*

13.7 Runden der beiden Wellenenden

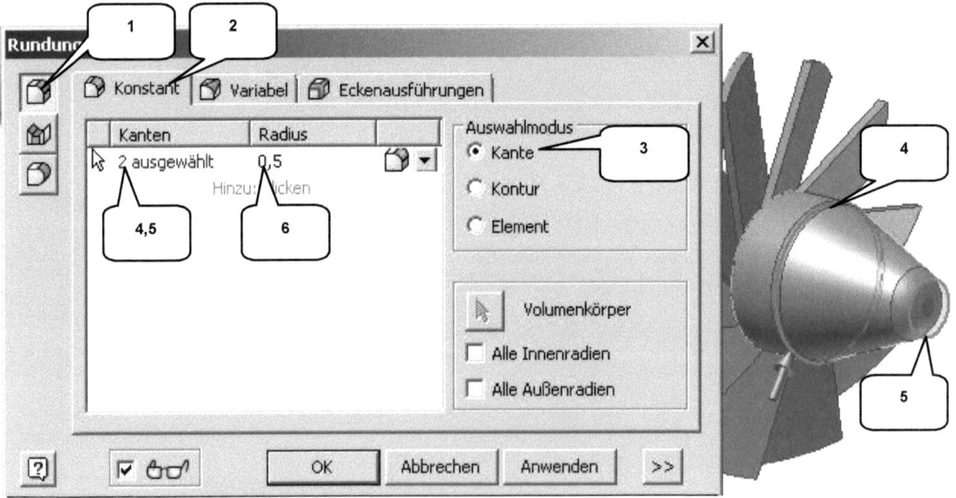

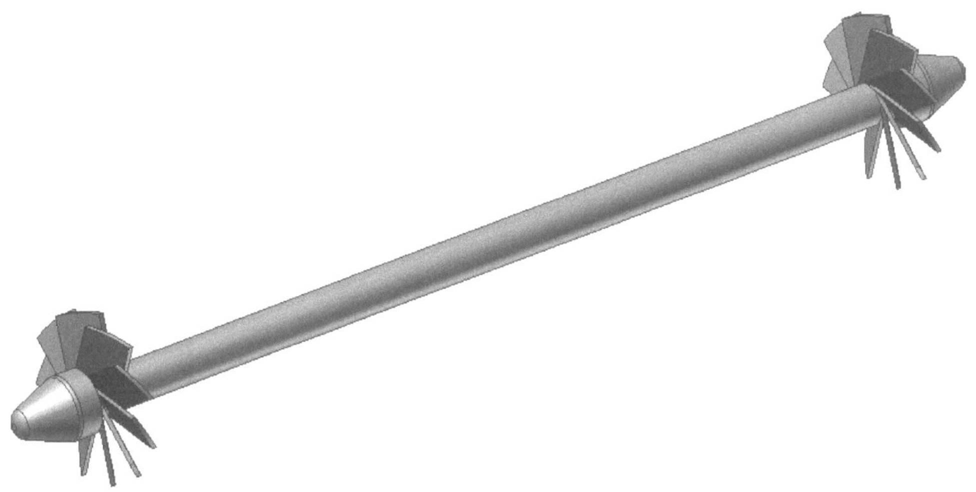

> ➤ **_Rundung_**
> ➤ Option: Kantenabrundung (1)
> ➤ Reiter: Konstant (2)
> ➤ Auswahlmodus: Kante (3)

> ➤ Kanten: Kanten wählen (4, 5)
> ➤ Radius: [0,5 mm] (6)
> ➤ **_OK_**

Die beiden auf der gegenüberliegenden Seite der Welle noch vorhandenen Kanten sind ebenfalls zu runden. Das Bauteil **_Turbineneinheit_** kann somit gespeichert und danach geschlossen werden.

> ➤ **_Speichern_**
> ➤ Dateiname: **_Turbineneinheit_**
> ➤ Dateityp: (*.ipt)

> ➤ **_Speichern_**
>
> ➤ **_Datei schließen_**

14 Baugruppe: Hubschrauber

14.1 Erstellen der neuen Datei und Platzieren des ersten Bauteils

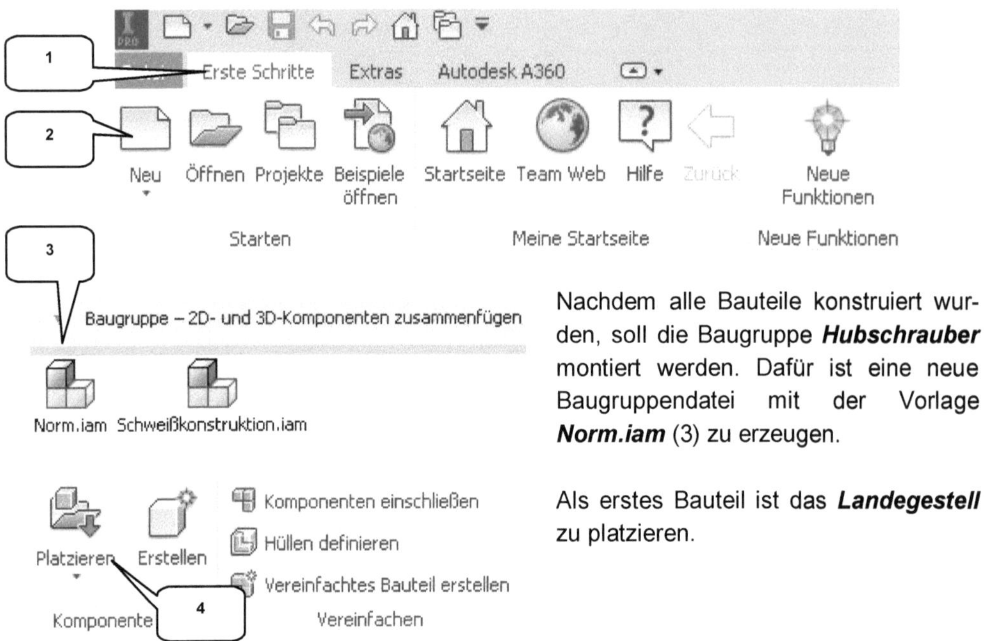

Nachdem alle Bauteile konstruiert wurden, soll die Baugruppe **Hubschrauber** montiert werden. Dafür ist eine neue Baugruppendatei mit der Vorlage **Norm.iam** (3) zu erzeugen.

Als erstes Bauteil ist das **Landegestell** zu platzieren.

Das Importieren von Bauteilen oder Unterbaugruppen in eine Baugruppe erfolgt über den Befehl **Komponente platzieren** (4). Hierbei ist zu beachten, dass die als erste in eine Baugruppe eingefügte Komponente (Bauteil/ Baugruppe) auf den Ursprungspunkt der Baugruppe ausgerichtet werden sollte. Das bedeutet, dass das Koordinatensystem der eingefügten Komponente auf das Koordinatensystem der Baugruppe ausgerichtet und anschließend vom Programm festgesetzt wird. Günstig ist es daher, als erstes eine Komponente einzufügen, welche nicht beweglich sein muss und auf welcher alle anderen Komponenten aufbauen können: eine Basiskomponente.

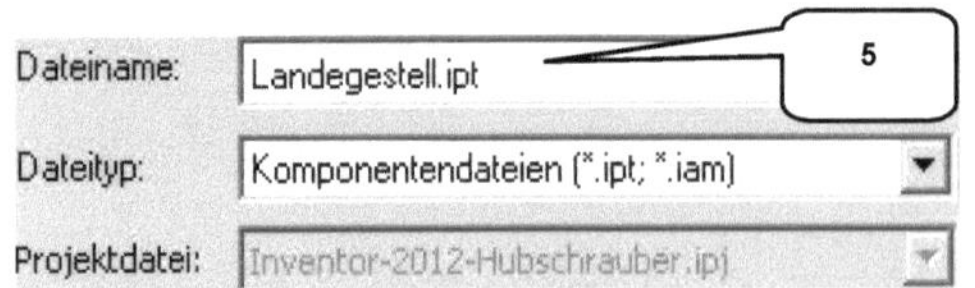

> **Komponente platzieren** (4)
> Dateiname: [Landegestell] (5)
> **ÖFFNEN**
> Rechte Maustaste > Option **Am Ursprung fixiert platzieren** wählen
> **Taste: ESC**

14.2 Platzieren der restlichen Bauteile

Jetzt sind die restlichen Bauteile in die Baugruppe einzufügen. Bei gedrückter *Taste: STRG* können alle restlichen Bauteile nacheinander mit der linken Maustaste markiert werden.

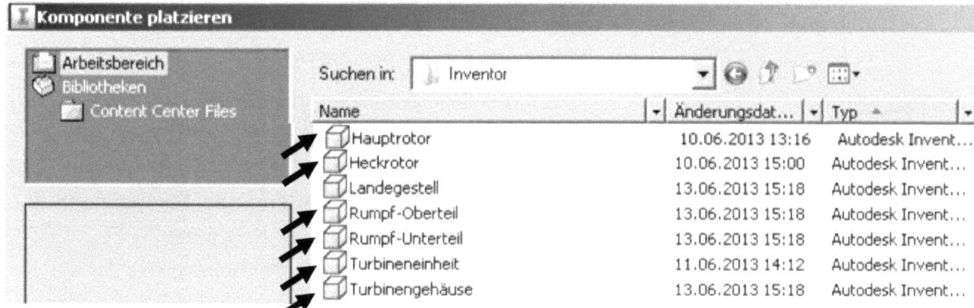

➢ **Komponente platzieren**	➢ **ÖFFNEN**
➢ Bei gedrückter **Taste: STRG** mit linker Maustaste die folgenden Bauteile wählen: Hauptrotor, Heckrotor, Rumpf-Oberteil, Rumpf-Unterteil, Turbineneinheit, Turbinengehäuse	➢ Bauteile einmal im Zeichenbereich mit linker Maustaste frei ablegen ➢ **Taste: ESC**

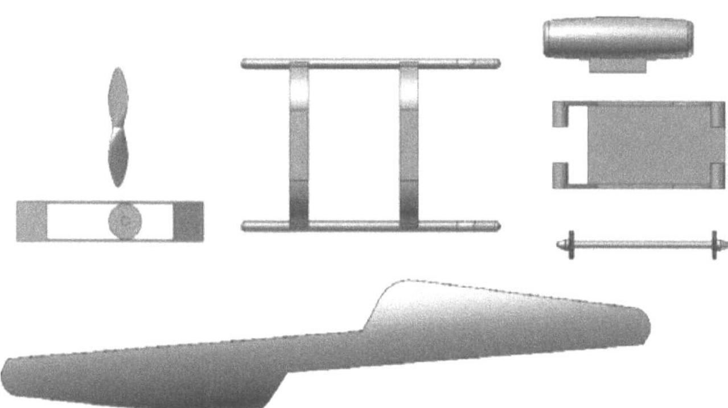

HINWEIS: Die erste in eine Baugruppe eingefügte Basiskomponente sollte am Koordinatenursprungspunkt der Baugruppe ausgerichtet werden (*rechte Maustaste* > *Am Ursprung fixiert platzieren*). Alle folgenden Bauteile können frei mit der linken Maustaste im Zeichenbereich abgelegt werden. Deren Ausrichtung erfolgt anschließend.

14.3 Bauteil: Rumpf-Unterteil mit Abhängigkeiten versehen

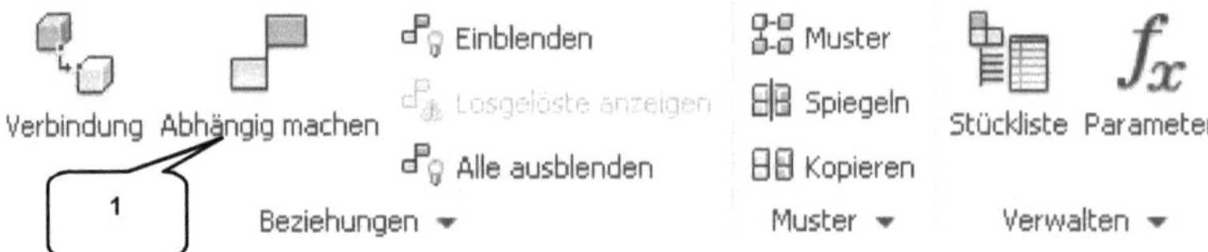

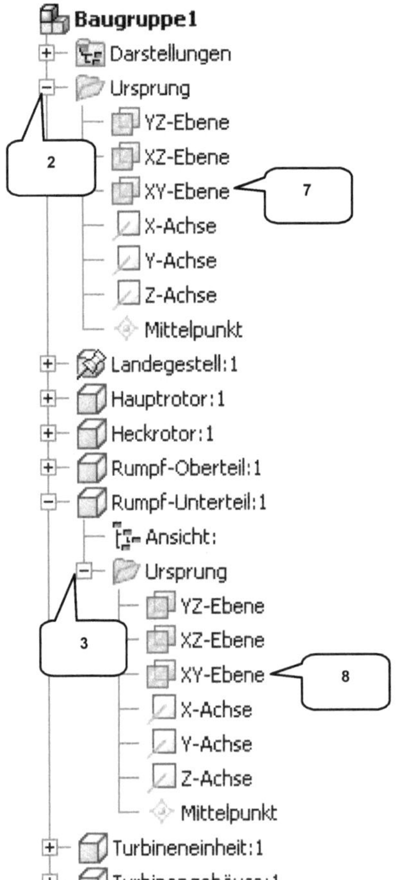

Werden Komponenten in eine Baugruppe eingefügt und frei abgelegt, so besitzen sie insgesamt sechs Freiheitsgrade. Diese Freiheitsgrade setzen sich zusammen aus den drei linearen Bewegungen entlang der Hauptachsen der Komponente (T_X, T_Y, T_Z) sowie den Rotationen um die Achsen (R_X, R_Y, R_Z).

Mit dem Befehl **Abhängig machen** (1) werden frei bewegliche Komponenten in diesen Freiheitsgraden eingeschränkt, indem nacheinander Achsen, Kanten Flächen, Ebenen auf geometrische Elemente anderer Bauteile oder der Baugruppe platziert werden.

Als erstes Bauteil soll das **Rumpf-Unterteil** mit Abhängigkeiten versehen werden. Hierfür müssen im Browser der Ordner **Ursprung** der Baugruppe (2) sowie der Ordner **Ursprung** des Bauteils **Rumpf-Unterteil** (3) aufgeklappt werden. Dann soll die XY-Ebene des Bauteils **Rumpf-Unterteil** (8) auf der XY-Ebene der Baugruppe (7) platziert werden.

> Ordner **Ursprung** der Baugruppe aufklappen (2)
> Ordner **Ursprung** des Bauteils **Rumpf-Unterteil** aufklappen (3)

HINWEIS: Besonders am Anfang muss das Setzen von Abhängigkeiten geübt werden. Nach jeder gesetzten Abhängigkeit sollte der Befehl **Abhängig machen** geschlossen werden und anschließend bei gedrückter linker Maustaste auf das betreffende Bauteil und dem Bewegen der Maus geprüft werden, ob die Abhängigkeiten richtig gesetzt wurden. Das Bauteil sollte sich dann nur noch begrenzt bewegen lassen.

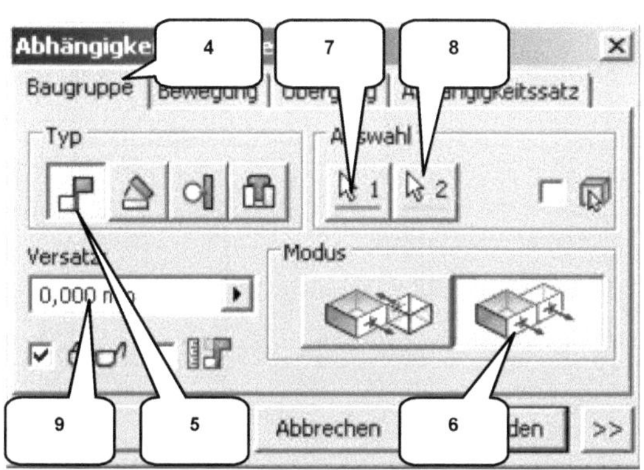

> - ***Abhängig machen*** (1)
> - Reiter: Baugruppe (4)
> - Typ: Passend (5)
> - Modus: Fluchtend (6)
> - Auswahl 1: XY-Ebene (Baugruppe) (7)
> - Auswahl 2: XY-Ebene (Rumpf-Unterteil) (8)
> - Versatz: [0 mm] (9)
> - ***OK***

Die folgenden beiden Abhängigkeiten sollen Flächen des Bauteils ***Rumpf-Unterteil*** mit Flächen des Bauteils ***Landegestell*** verbinden. Die Ansicht ist entsprechend zu drehen.

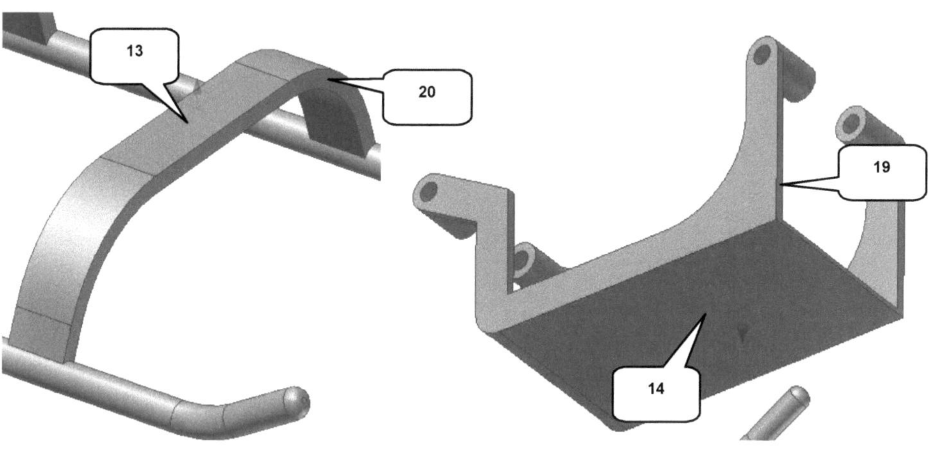

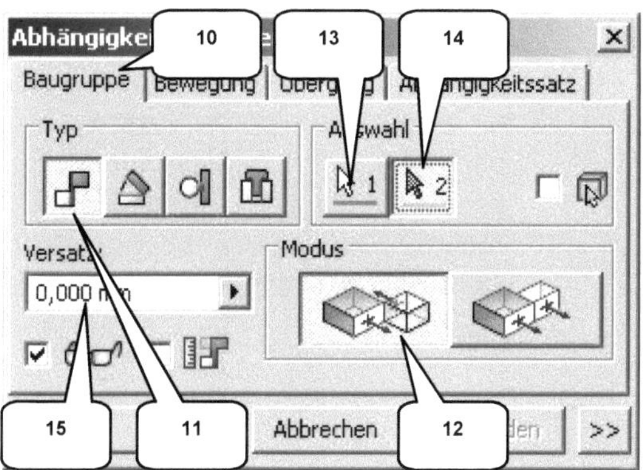

> - ***Abhängig machen***
> - Reiter: Baugruppe (10)
> - Typ: Passend (11)
> - Modus: Passend (12)
> - Auswahl 1: Markierte Fläche (13)
> - Auswahl 2: Markierte Fläche (14)
> - Versatz: [0 mm] (15)
> - ***OK***

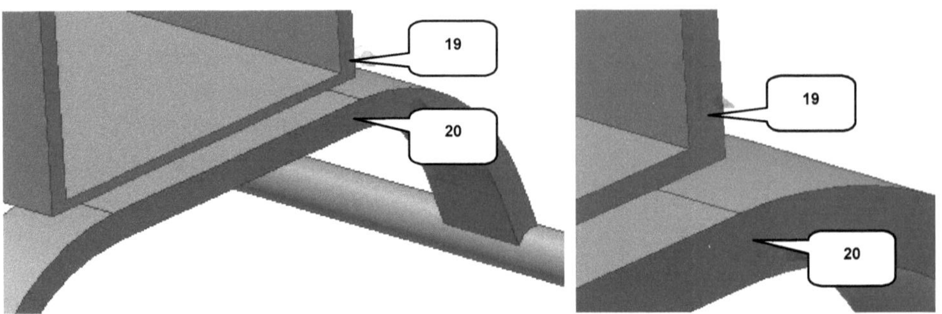

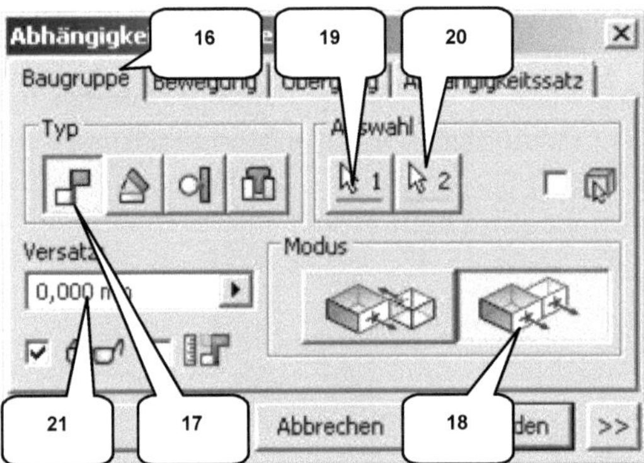

> ***Abhängig machen***
> Reiter: Baugruppe (16)
> Typ: Passend (17)
> Modus: Fluchtend (18)
> Auswahl 1: Markierte Fläche (19)
> Auswahl 2: Markierte Fläche (20)
> Versatz: [0 mm] (21)
> ***OK***

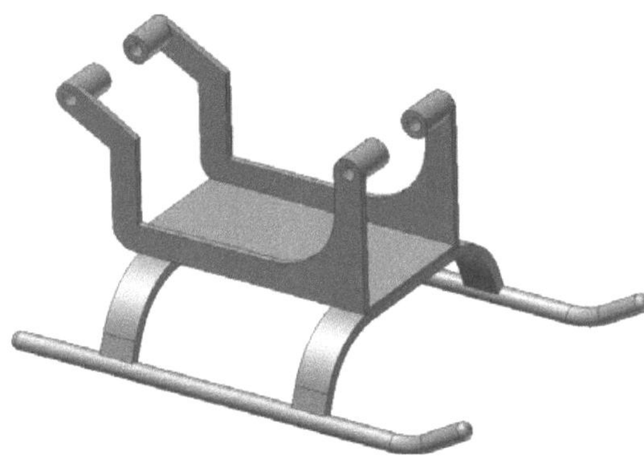

Das Bauteil ***Rumpf-Unterteil*** müsste jetzt unbeweglich sein. Beim Versuch das Bauteil mit der Maus zu bewegen, erscheint ein kleines Symbol mit einem durchgestrichenen Kreis.

HINWEIS: Werden Komponenten in einer Baugruppe mit Abhängigkeiten versehen, werden diese Abhängigkeiten im Browser unterhalb der Komponente abgelegt (22). Diese können hier bearbeitet (Option ***Bearbeiten*** der ***rechten Maustaste***) oder gelöscht werden (Option ***Löschen*** der ***rechten Maustaste***).

14.4 Bauteil: Rumpf-Oberteil mit Abhängigkeiten versehen

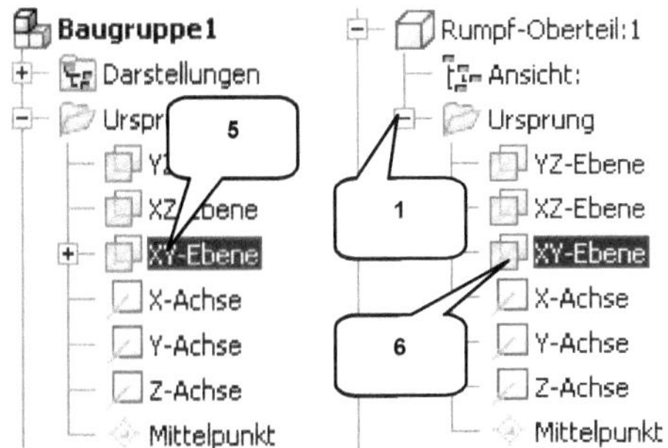

Mit den nächsten Abhängigkeiten soll das Bauteil **Rumpf-Oberteil** in Lage und Position definiert werden. Vorab ist auch hier der Ordner **Ursprung** dieses Bauteils zu öffnen.

➤ Ordner **Ursprung** (Bauteil Rumpf-Oberteil) aufklappen (1)

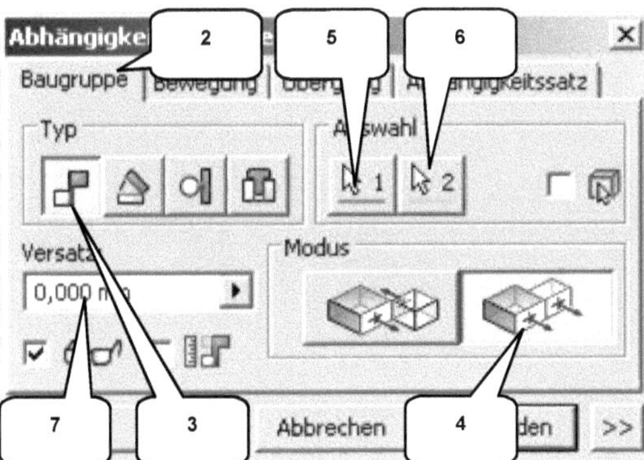

➤ **Abhängig machen**
➤ Reiter: Baugruppe (2)
➤ Typ: Passend (3)
➤ Modus: Fluchtend (4)
➤ Auswahl 1: XY-Ebene (Baugruppe) (5)
➤ Auswahl 2: XY-Ebene (Rumpf-Oberteil) (6)
➤ Versatz: [0 mm] (7)
➤ **OK**

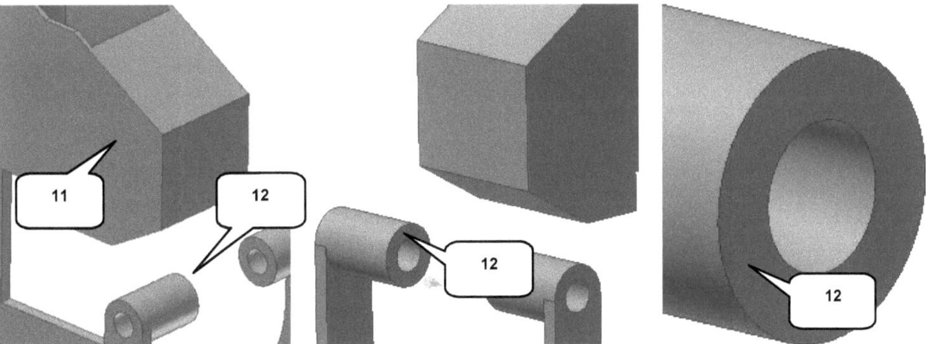

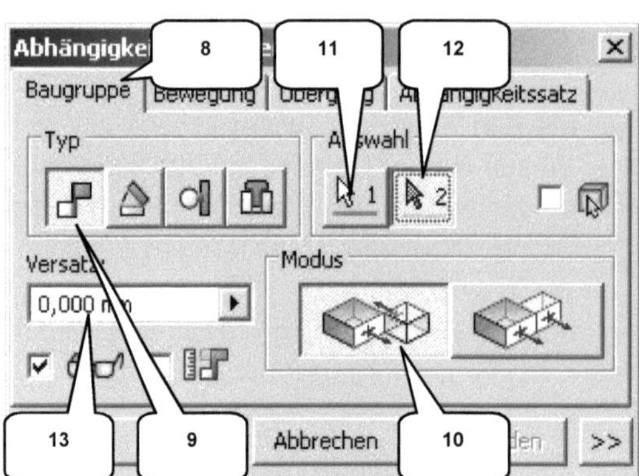

- **Abhängig machen**
- Reiter: Baugruppe (8)
- Typ: Passend (9)
- Modus: Passend (10)
- Auswahl 1: Markierte Fläche (11)
- Auswahl 2: Markierte Fläche (12)
- Versatz: [0 mm] (13)
- **OK**

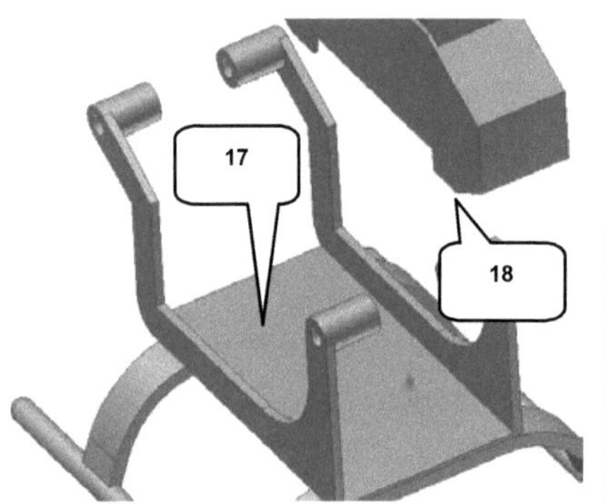

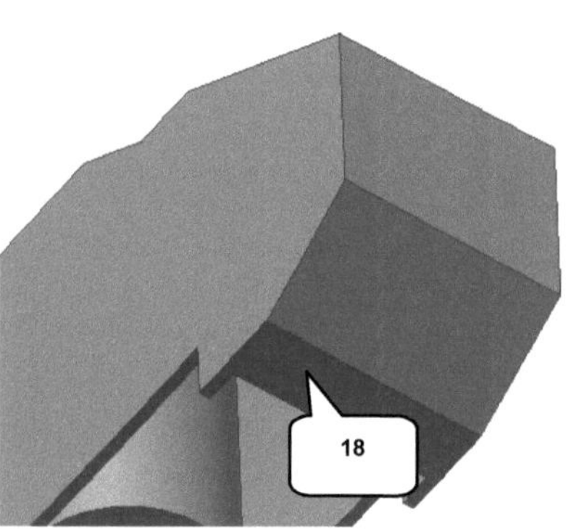

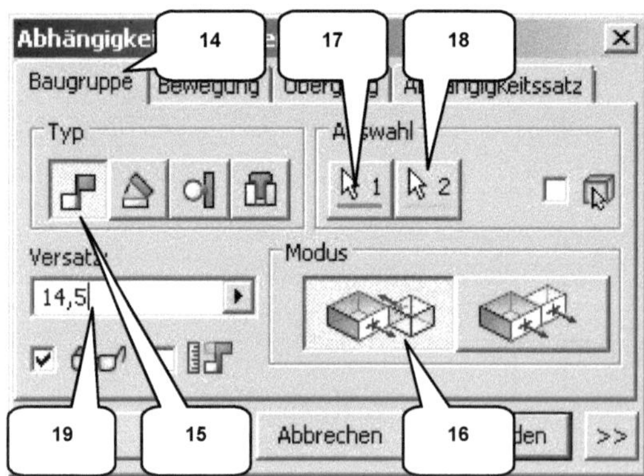

- **Abhängig machen**
- Reiter: Baugruppe (14)
- Typ: Passend (15)
- Modus: Passend (16)
- Auswahl 1: Markierte Fläche (17)
- Auswahl 2: Markierte Fläche (18)
- Versatz: [*14,5 mm*] (19)
- **OK**

HINWEIS: Beim Setzen der letzten Abhängigkeit ist darauf zu achten, den **Versatz** auf **14,5 mm** einzustellen. Auch bei den folgenden Abhängigkeiten sollte stets auf die Angabe des Wertes für den Versatz geachtet werden, da dieser teilweise von 0 abweicht.

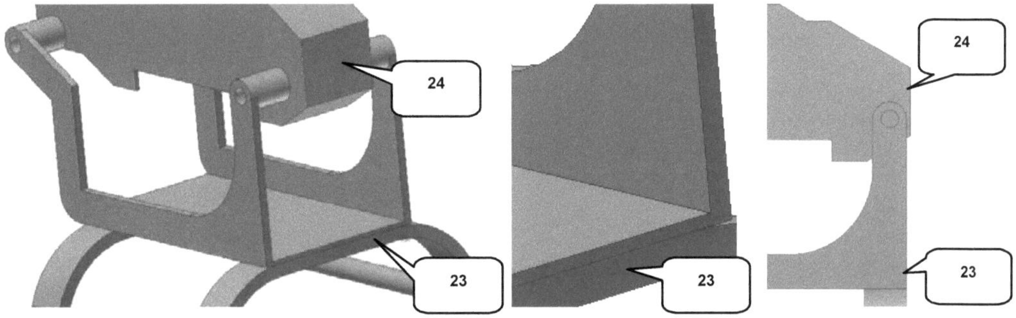

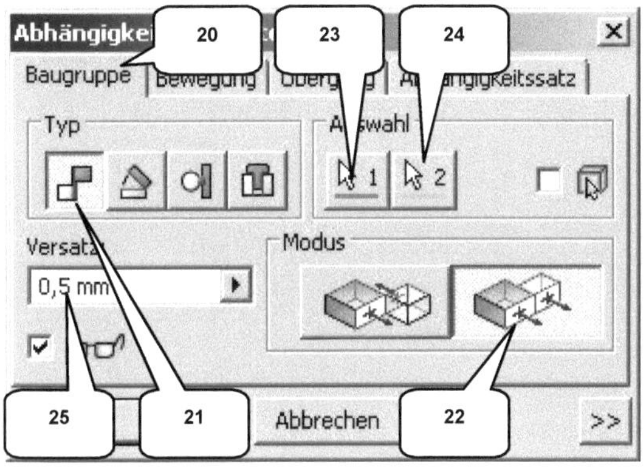

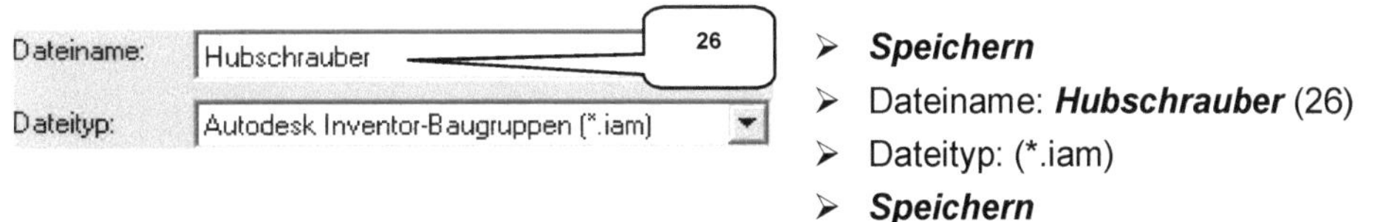

> **Abhängig machen**
> Reiter: Baugruppe (20)
> Typ: Passend (21)
> Modus: Fluchtend (22)
> Auswahl 1: Markierte Fläche (23)
> Auswahl 2: Markierte Fläche (24)
> Versatz: [**0,5 mm**] (25)
> **OK**

HINWEIS: In der Ansicht: **OBEN** (**ViewCube**) muss das Bauteil **Rumpf-Oberteil** um **0,5 mm** nach rechts über das Bauteil **Rumpf-Unterteil** hinausragen (siehe obere Abbildung). Sollte dies nicht der Fall sein (verkehrte Richtung) ist der Versatz auf **-0,5 mm** zu korrigieren.

Vor dem Setzen der nächsten Abhängigkeiten ist die Baugruppe zu speichern. Als Dateiname ist die Bezeichnung **Hubschrauber** zu verwenden. Der Dateityp ist ***.iam**.

> **Speichern**
> Dateiname: **Hubschrauber** (26)
> Dateityp: (*.iam)
> **Speichern**

14.5 Bauteil: Turbinengehäuse mit Abhängigkeiten versehen

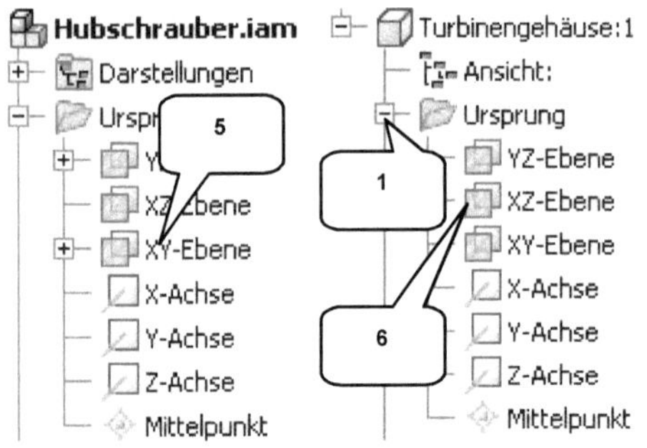

Mit den nächsten Abhängigkeiten soll das Bauteil **Turbinengehäuse** in Lage und Position definiert werden. Vorab ist auch hier der Ordner **Ursprung** des Bauteils zu öffnen.

➢ Ordner **Ursprung** des Bauteils **Turbinengehäuse** aufklappen (1)

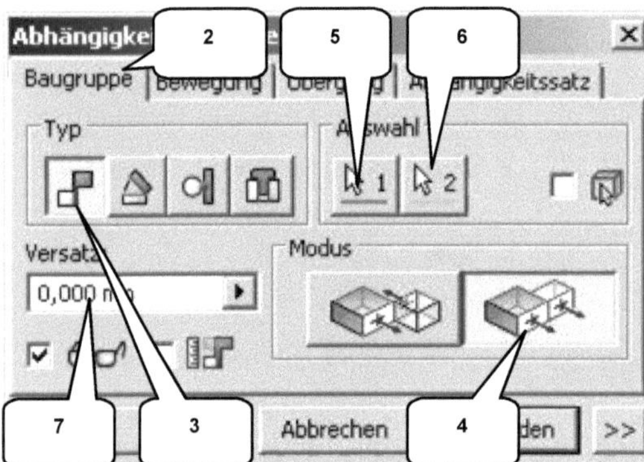

➢ **Abhängig machen**
➢ Reiter: Baugruppe (2)
➢ Typ: Passend (3)
➢ Modus: Fluchtend (4)
➢ Auswahl 1: XY-Ebene (Baugruppe) (5)
➢ Auswahl 2: XZ-Ebene (Turbinengehäuse) (6)
➢ Versatz: [0 mm] (7)
➢ **OK**

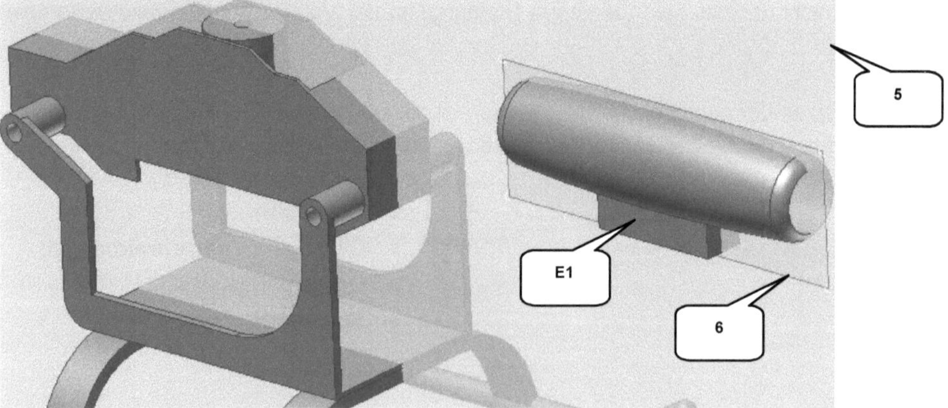

HINWEIS: Das Turbinengehäuse muss wie in der oberen Abbildung dargestellt angeordnet sein. Das lineare Extrusionselement (E1) des Turbinengehäuses sollte nach unten zeigen. Wenn nicht, ist der Modus der Abhängigkeit von **Fluchtend** auf **Passend** zu korrigieren.

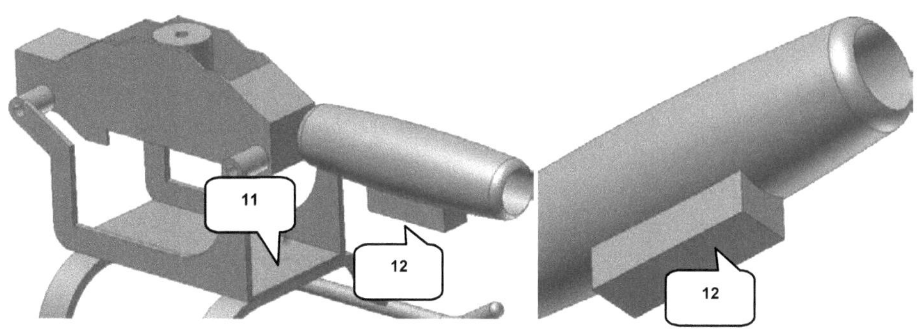

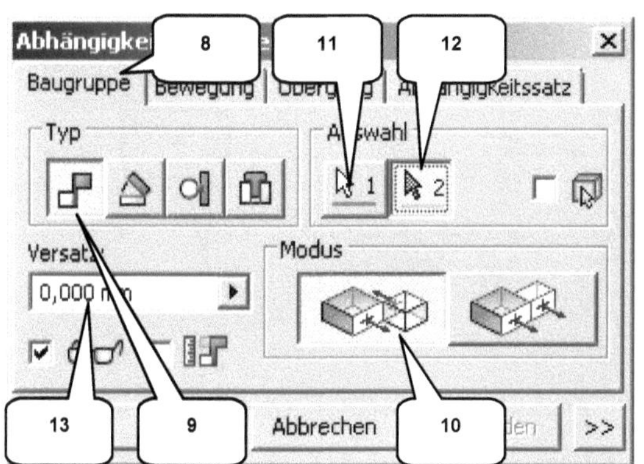

> *Abhängig machen*
> Reiter: Baugruppe (8)
> Typ: Passend (9)
> Modus: Passend (10)
> Auswahl 1: Markierte Fläche (11)
> Auswahl 2: Markierte Fläche (12)
> Versatz: [0 mm] (13)
> *OK*

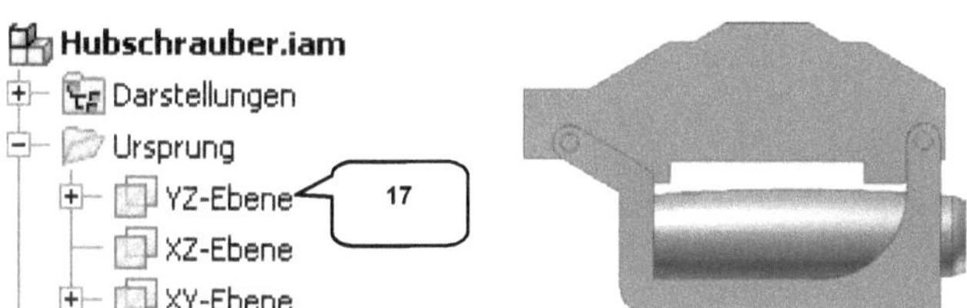

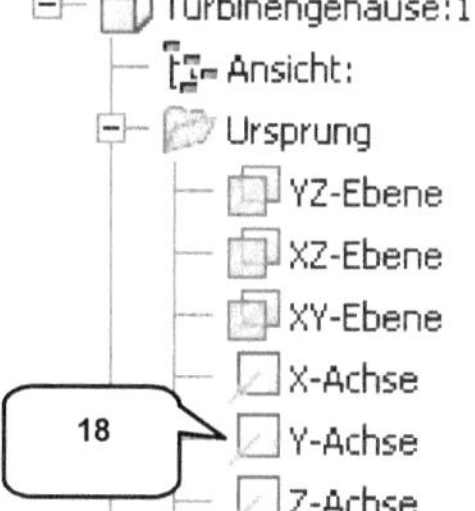

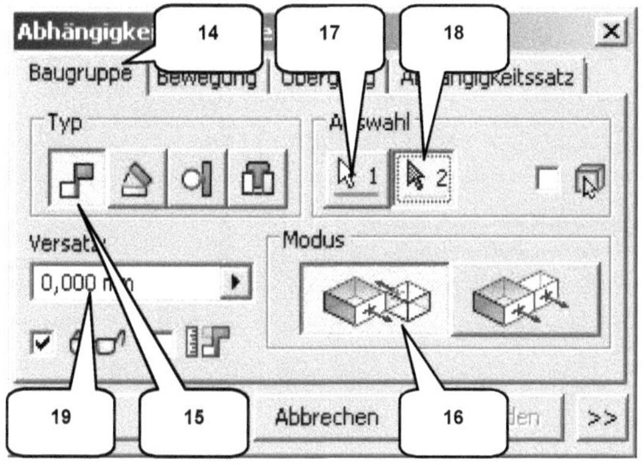

> *Abhängig machen*
> Reiter: Baugruppe (14)
> Typ: Passend (15)
> Modus: Passend (16)
> Auswahl 1: YZ-Ebene (Baugruppe) (17)
> Auswahl 2: Y-Achse (Turbinengehäuse) (18)
> Versatz: [0 mm] (19)
> *OK*

14.6 Bauteil: Turbineneinheit mit Abhängigkeiten versehen

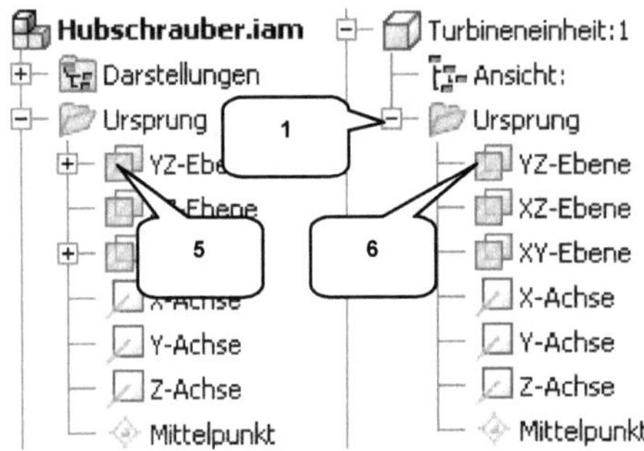

Mit den nächsten Abhängigkeiten soll das Bauteil **Turbineneinheit** in Lage und Position definiert werden. Vorab ist auch hier der Ordner **Ursprung** des Bauteils zu erweitern.

➢ Ordner **Ursprung** des Bauteils **Turbineneinheit** erweitern (1)

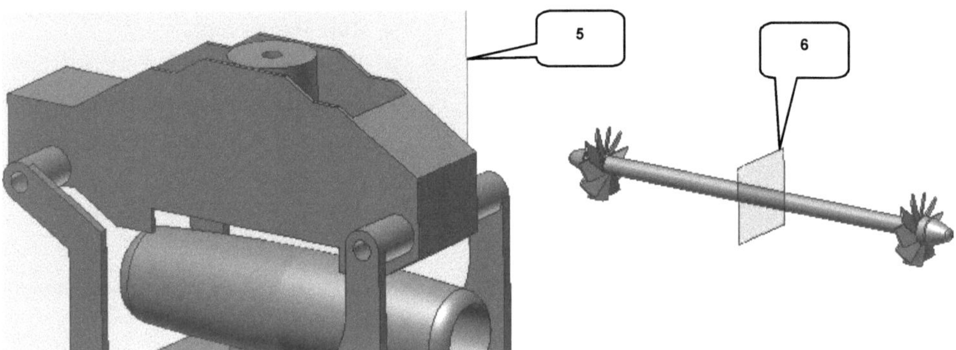

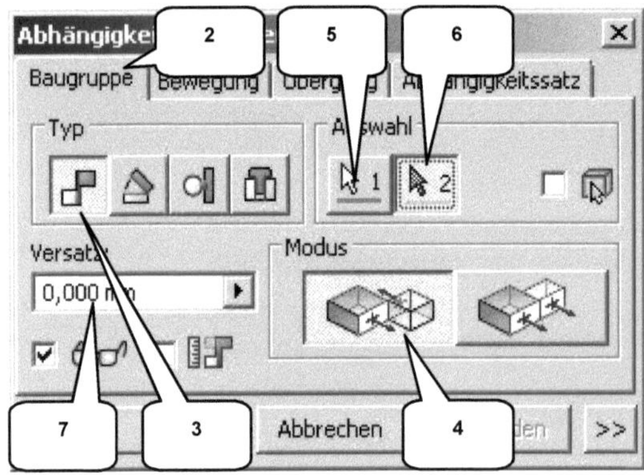

➢ **Abhängig machen**
➢ Reiter: Baugruppe (2)
➢ Typ: Passend (3)
➢ Modus: Passend (4)
➢ Auswahl 1: YZ-Ebene (Baugruppe) (5)
➢ Auswahl 2: YZ-Ebene (Turbineneinheit) (6)
➢ Versatz: [0 mm] (7)
➢ **OK**

HINWEIS: Mit einer axialen Abhängigkeit soll die Längsachse der Turbineneinheit mit der Längsachse des Turbinengehäuses verbunden werden. Hierbei genügt es, auf die zylindrischen Oberflächen der Bauteile zu klicken. Das Programm wählt die dazugehörige Achse automatisch aus.

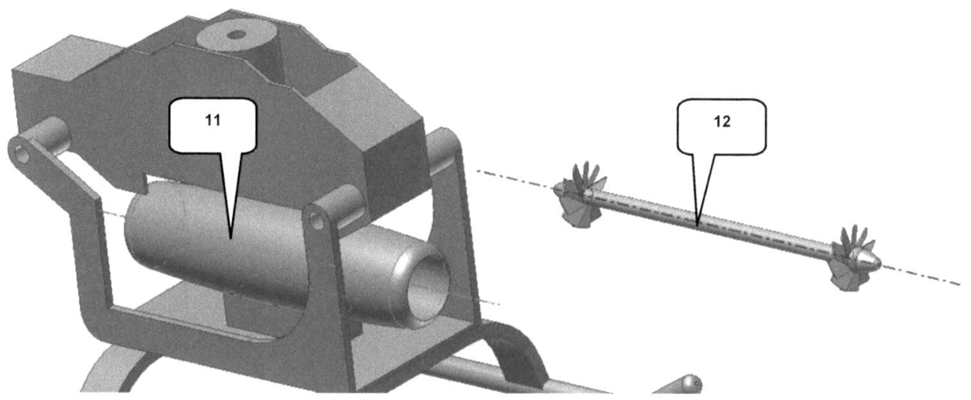

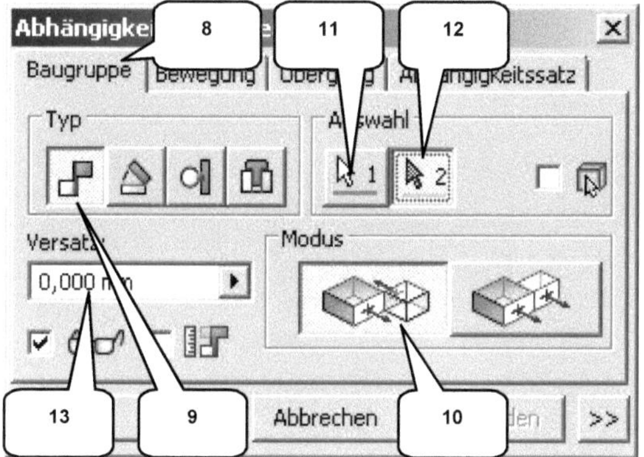

> ***Abhängig machen***
> Reiter: Baugruppe (8)
> Typ: Passend (9)
> Modus: Passend (10)
> Auswahl 1: Mantelfläche
>   (Turbinengehäuse) (11)
> Auswahl 2: Welle (Turbineneinheit)
>   (12)
> Versatz: [0 mm] (13)
> ***OK***

14.7 Bauteil: Hauptrotor mit Abhängigkeiten versehen

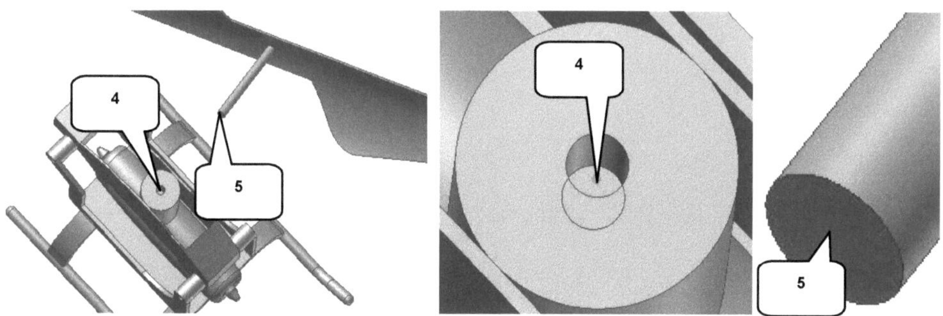

Um den **Hauptrotor** befestigen zu können muss zuerst dessen Ordner **Ursprung** erweitert werden.

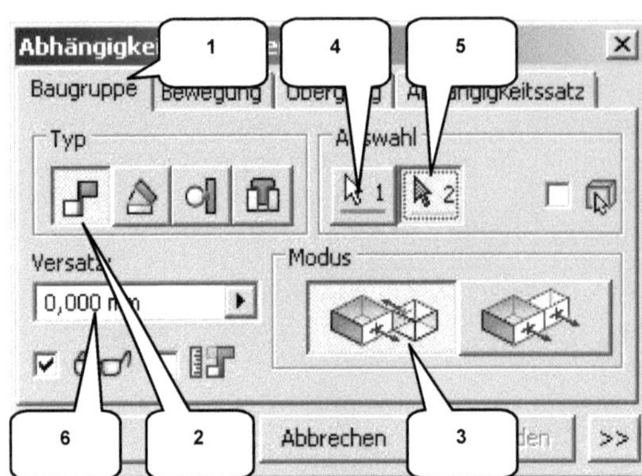

> *Abhängig machen*
> Reiter: Baugruppe (1)
> Typ: Passend (2)
> Modus: Passend (3)
> Auswahl 1: Markierte Bohrungs-
>   fläche (Rumpf-Oberteil) (4)
> Auswahl 2: Markierte Fläche
>   (Hauptrotor) (5)
> Versatz: [0 mm] (6)
> *OK*

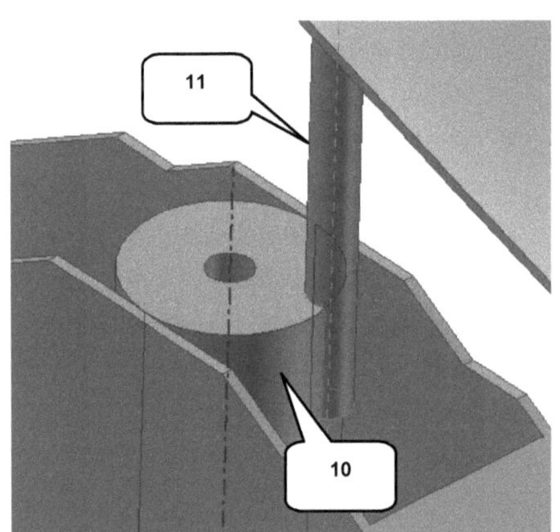

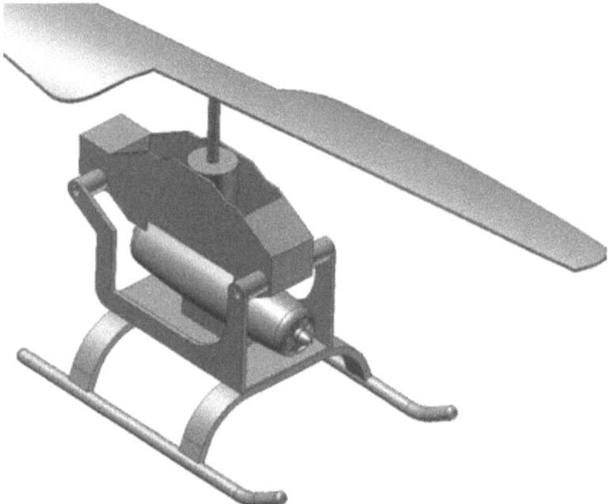

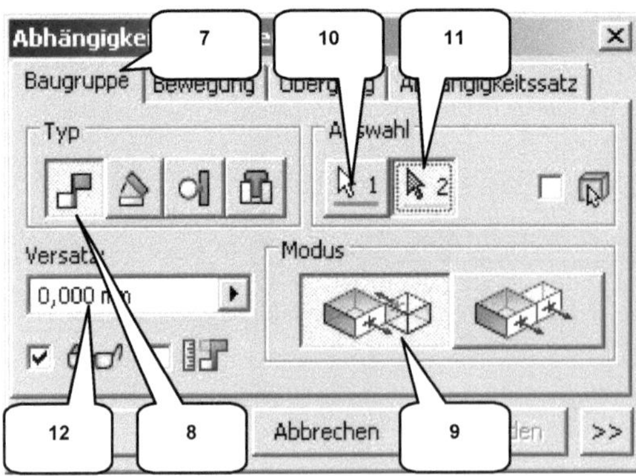

> *Abhängig machen*
> Reiter: Baugruppe (7)
> Typ: Passend (8)
> Modus: Passend (9)
> Auswahl 1: Zylinderfläche
>   (Rumpf-Oberteil) (10)
> Auswahl 2: Zylinderfläche
>   (Hauptrotor) (11)
> Versatz: [0 mm] (12)
> *OK*

14.8 Den Heckausleger aus der Baugruppe heraus erzeugen

Neue Bauteile/ Baugruppen können direkt aus einer Baugruppe heraus erzeugt werden, wenn der Befehl *Erstellen* (1) verwendet wird. Die Komponenten können dabei in Abhängigkeit zu den bereits in der Baugruppe platzierten Komponenten konstruiert werden. Das spätere Setzen von Abhängigkeiten ist dann nicht mehr erforderlich.

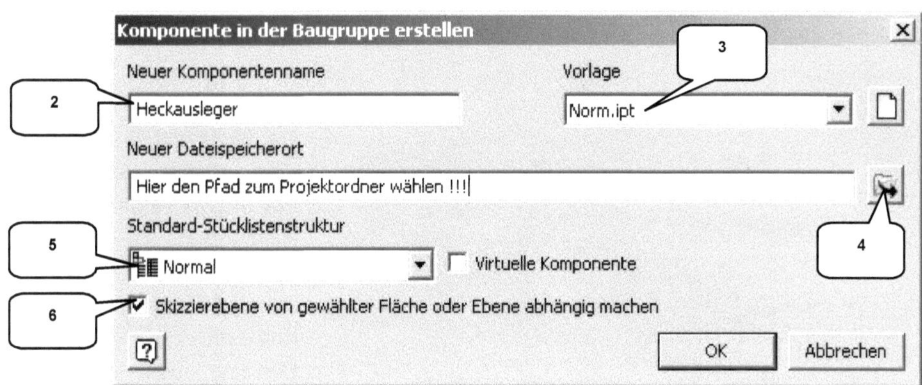

> *Erstellen* (1)
> Komponentenname: [Heckausleger] (2)
> Vorlage: Norm.ipt (3)
> Dateispeicherort: Projektordner wählen (4)
> Stücklistenstruktur: Normal (5)
> Aktivieren: Skizzierebene von gewählter Fläche oder Ebene abhängig machen (6)
> *OK*

Das Programm erwartet jetzt die Positionierung der Ausgangsebene für das neue Bauteil. Hier ist die markierte Fläche (7) zu wählen.

> Mit linker Maustaste auf die markierte Fläche (7) klicken

Auf der gewählten Fläche wird automatisch eine neue 2D-Skizze erzeugt, in welcher die Kreiskante der Bohrung (Bauteil Rumpf-Oberteil) *projiziert* werden muss. Die Skizze kann im Anschluss daran wieder geschlossen werden.

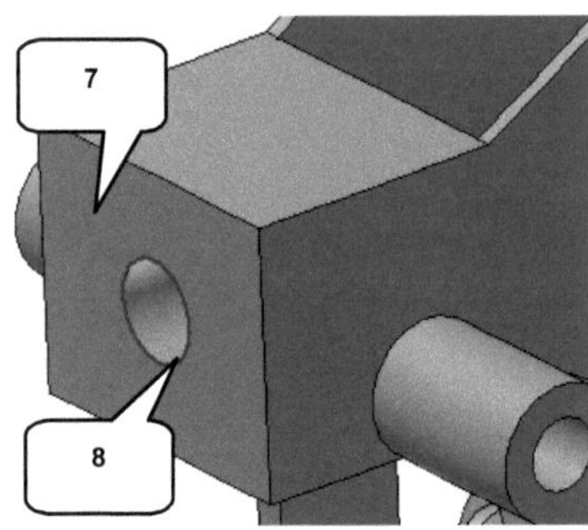

> *Geometrie projizieren*
> Markierte Bohrungskante wählen (8)
> *Taste: ESC*

> *Skizze fertig stellen*

14.9 Asymmetrisches Extrudieren der ersten Skizzenkontur

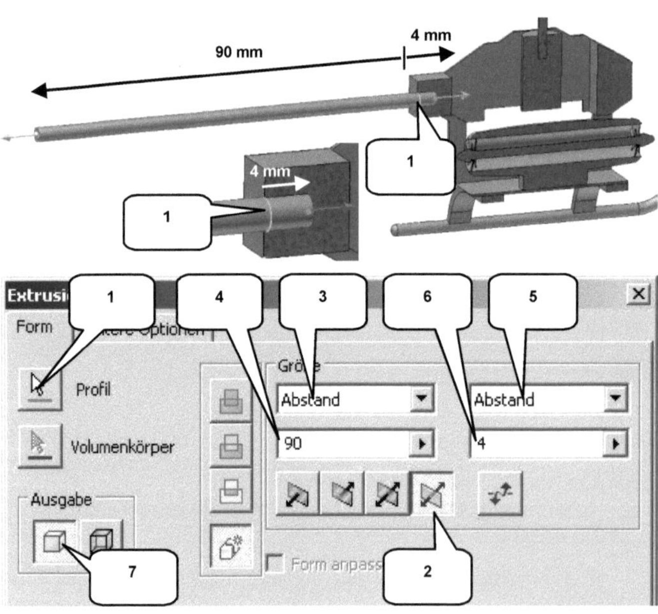

Der Kreis soll jetzt extrudiert werden, was diesmal in zwei verschiedene Richtungen in jeweils unterschiedlichen Abständen erfolgt: Der Kreis muss 4 mm in die Bohrung des Bauteils Rumpf-Oberteil hineinragen und 90 mm in die entgegengesetzte Richtung.

> *Extrusion*
> Profil: Kreis (1)
> Richtung: Asymmetrisch (2)
> Größe 1: Abstand (3)
> Abstand 1: [90 mm] (4)

> Größe 2: Abstand (5)
> Abstand 2: [4 mm] (6)
> Ausgabe: Volumenkörper (7)
> *OK*

14.10 Erzeugen neuer Arbeitselemente (Achse, Ebenen)

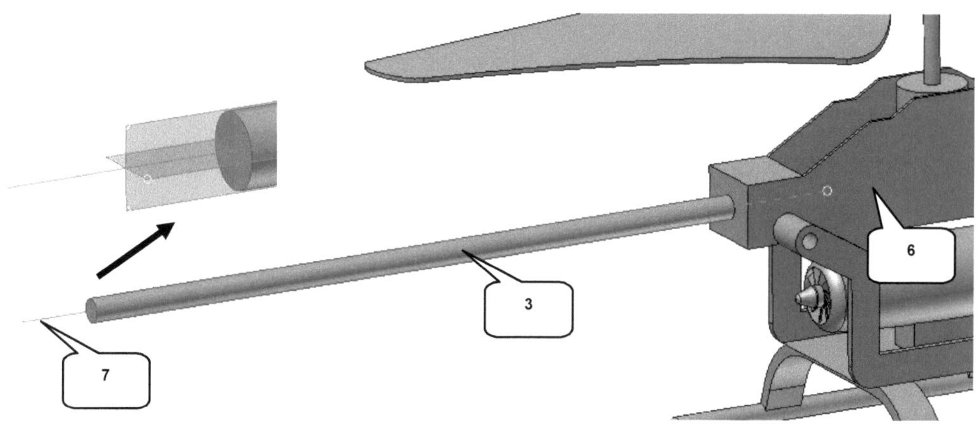

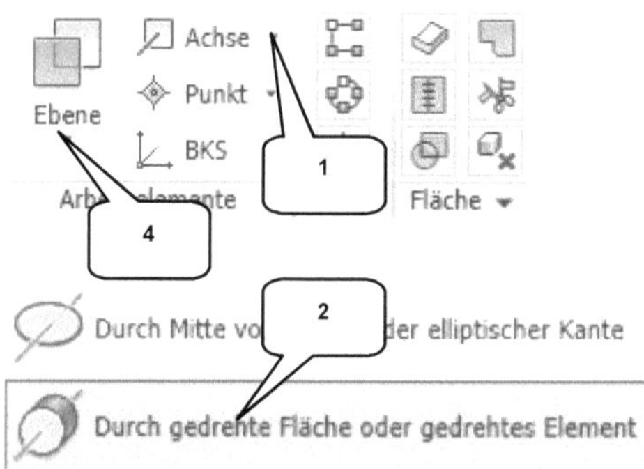

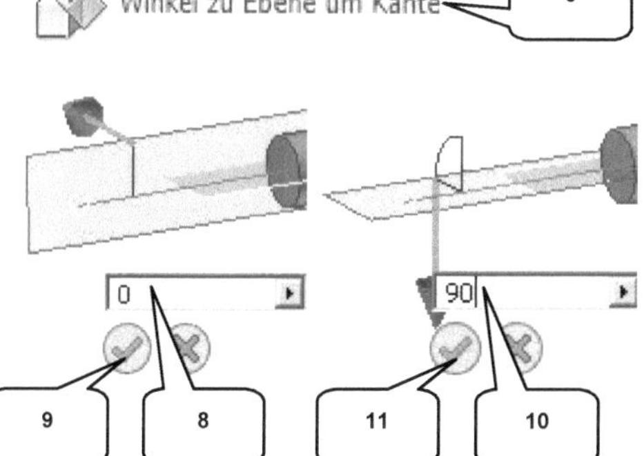

Zur weiteren Bearbeitung des Heckauslegers sind neue Arbeitselemente (Arbeitsachse, Arbeitsebenen) zu erstellen.

- ➢ Befehlsgruppe **Achse** erweitern (1)

- ➢ **Durch gedrehte Fläche oder ...** (2)
- ➢ Markierte Zylinderfläche wählen (3)
- ➢ **Taste: ESC**

- ➢ Befehlsgruppe **Ebene** erweitern (4)

- ➢ **Ebene durch Winkel, Ebene, Kante** (5)
- ➢ Markierte Seitenfläche wählen (6)
- ➢ Neu erzeugte Arbeitsachse wählen (7)
- ➢ Winkel: [0°] (8)
- ➢ **OK** (9)

- ➢ **Ebene durch Winkel, Ebene, Kante** (5)
- ➢ Markierte Seitenfläche wählen (6)
- ➢ Neu erzeugte Arbeitsachse wählen (7)
- ➢ Winkel: [90°] (10)
- ➢ **OK** (11)

14.11 Zeichnen und Extrudieren des hinteren Zylinders

Die drei neuen Arbeitselemente sollten sichtbar entlang des zylindrischen Körpers verlaufen. Auf den Arbeitsebenen können jetzt neue 2D-Skizzen erzeugt werden.

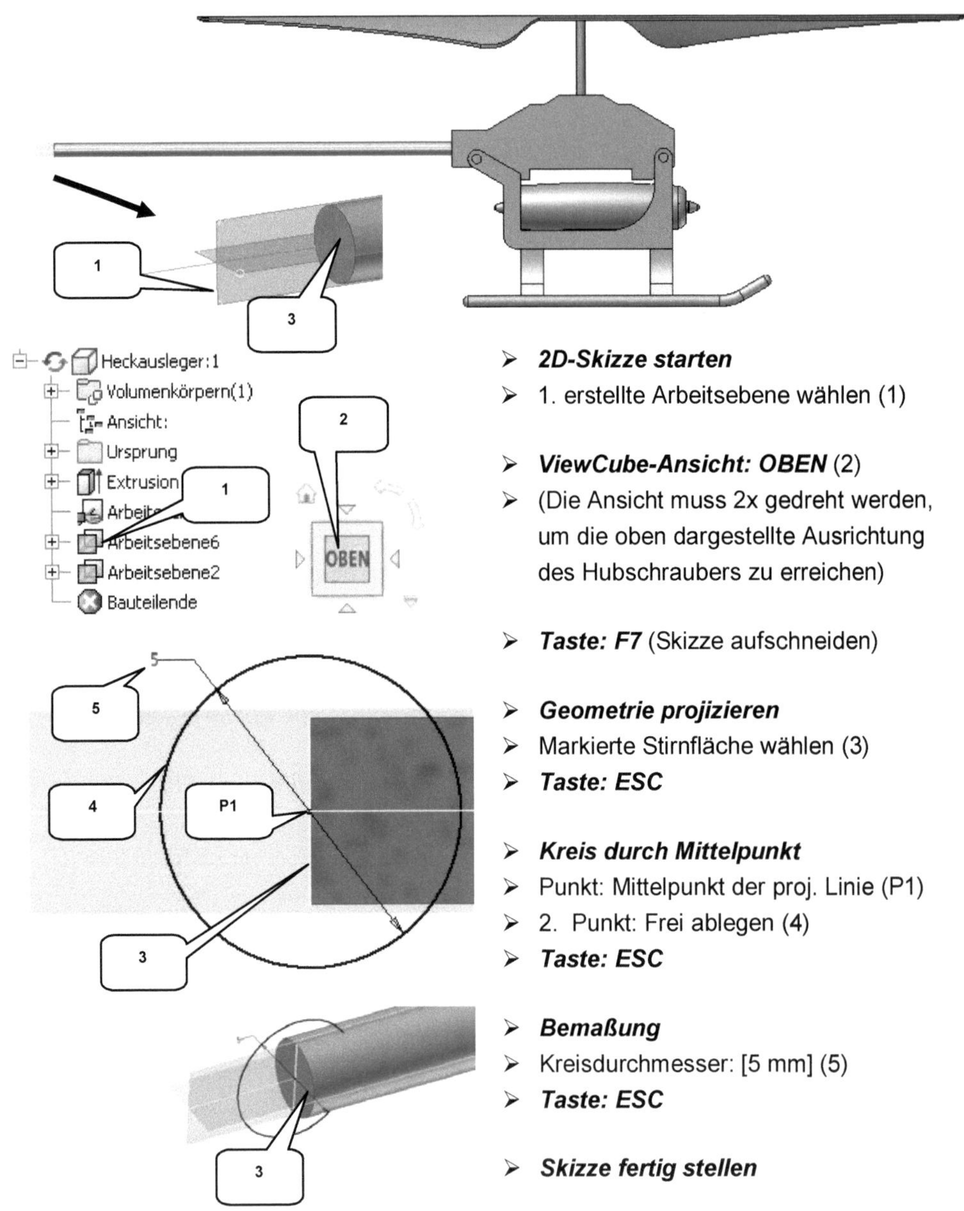

> **2D-Skizze starten**

> 1. erstellte Arbeitsebene wählen (1)

> **ViewCube-Ansicht: OBEN** (2)

> (Die Ansicht muss 2x gedreht werden, um die oben dargestellte Ausrichtung des Hubschraubers zu erreichen)

> **Taste: F7** (Skizze aufschneiden)

> **Geometrie projizieren**

> Markierte Stirnfläche wählen (3)

> **Taste: ESC**

> **Kreis durch Mittelpunkt**

> Punkt: Mittelpunkt der proj. Linie (P1)

> 2. Punkt: Frei ablegen (4)

> **Taste: ESC**

> **Bemaßung**

> Kreisdurchmesser: [5 mm] (5)

> **Taste: ESC**

> **Skizze fertig stellen**

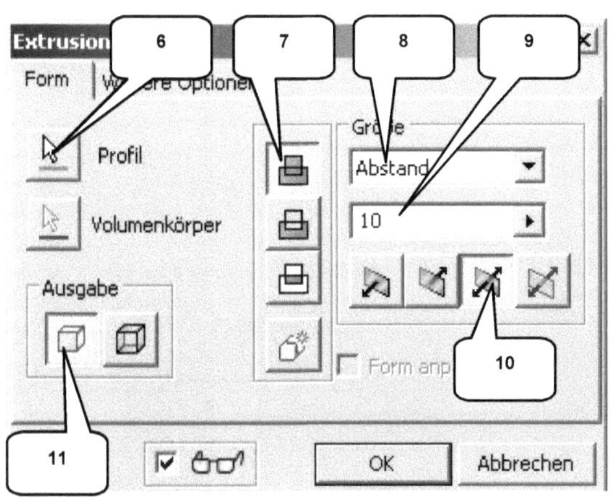

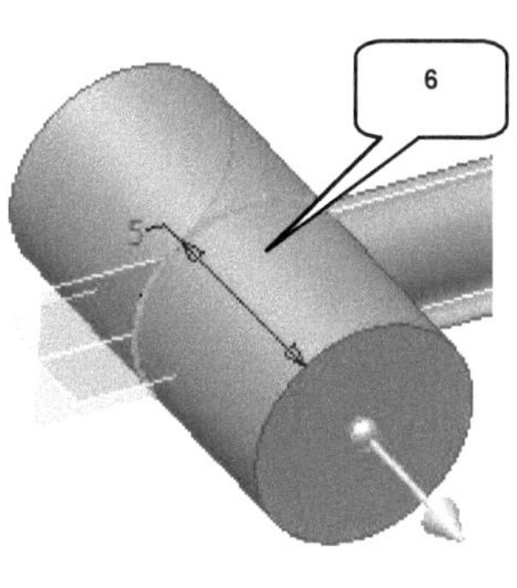

- > **Extrusion**
- > Profil: Kreis (6)
- > Verfahren: Vereinigung (7)
- > Größe: Abstand (8)

- > Abstand: [10 mm] (9)
- > Richtung: Symmetrisch (10)
- > Ausgabe: Volumenkörper (11)
- > **OK**

14.12 Bohren mit konzentrischer Referenz

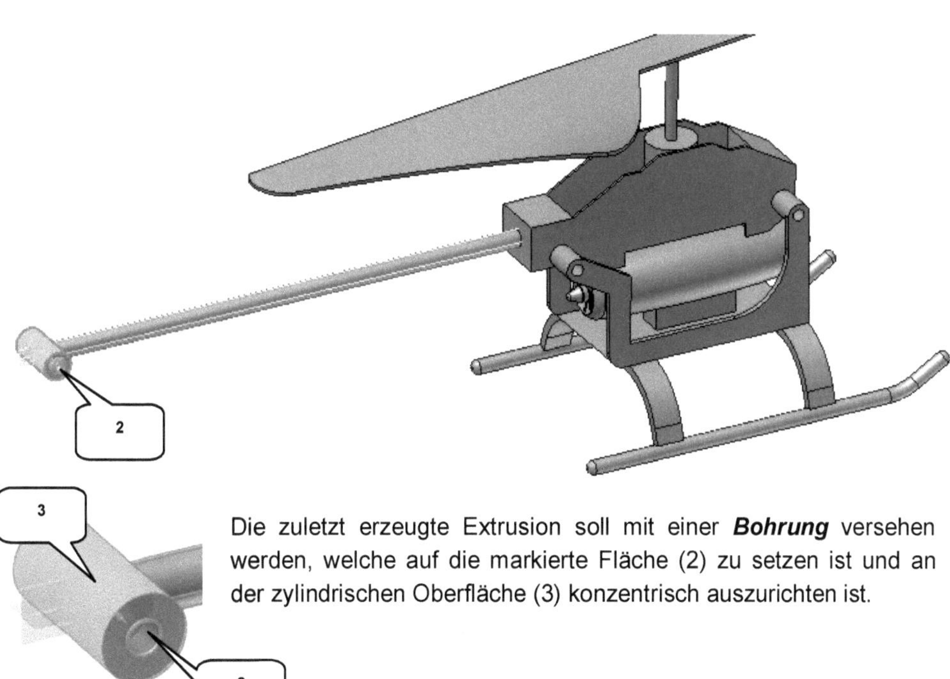

Die zuletzt erzeugte Extrusion soll mit einer **Bohrung** versehen werden, welche auf die markierte Fläche (2) zu setzen ist und an der zylindrischen Oberfläche (3) konzentrisch auszurichten ist.

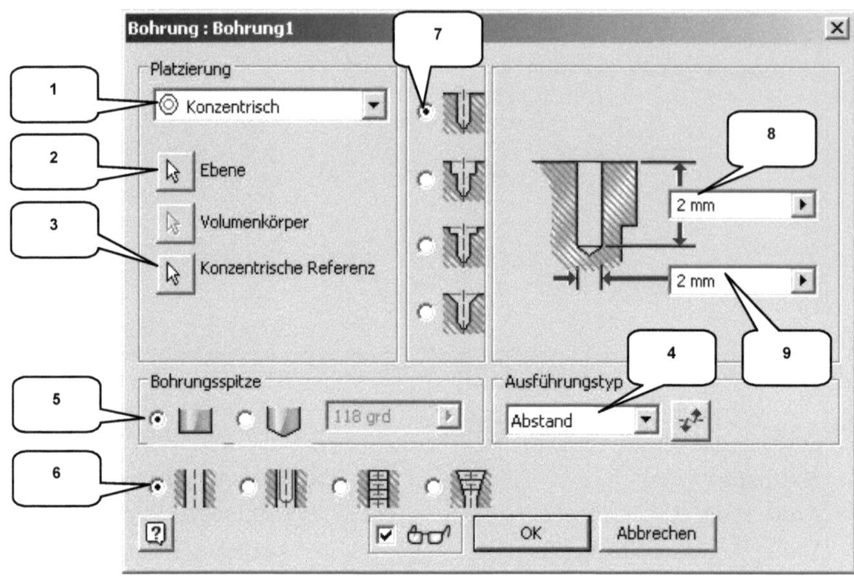

➢ **Bohrung**	➢ Bohrungsspitze: Flach (5)
➢ Platzierungstyp: Konzentrisch (1)	➢ Option: Einfache Bohrung (6)
➢ Ebene: Markierte Fläche wählen (2)	➢ Option: Bohrung (7)
➢ Konzentrische Referenz: Zylinder- fläche (3)	➢ Bohrungstiefe: [2 mm] (8)
	➢ Bohrungsdurchmesser: [2 mm] (9)
➢ Ausführungstyp: Abstand (4)	➢ **OK**

14.13 Zeichnen und Extrudieren einer senkrechten Geometrie

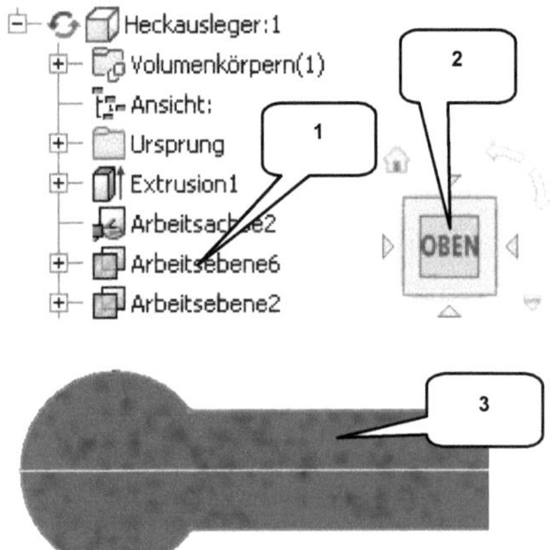

➢ **2D-Skizze starten**

➢ 1. erstellte Arbeitsebene wählen (1)

➢ **Taste: F7** (Skizze aufschneiden)

➢ **ViewCube-Ansicht: OBEN** (2)

➢ (Die Ansicht muss 2x gedreht werden,
um die vorherige Ausrichtung des Hubschraubers zu erreichen)

➢ **Schnittkanten projizieren**

➢ Vorhandenen Volumenkörper wählen (3)

➢ **Taste: ESC**

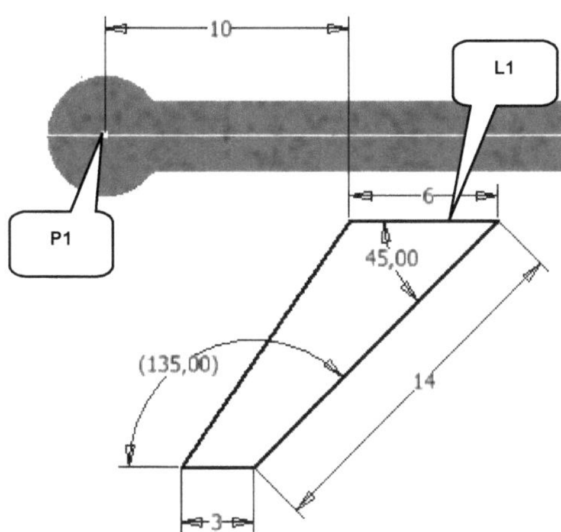

> *Linie*
> Linienkontur aus 4 Linien zeichnen wie dargestellt
> *Taste: ESC*

> *Bemaßung*
> Bemaßen wie dargestellt
> *Taste: ESC*

> *Abhängigkeit Koinzident*
> Linie (L1) wählen
> Punkt (P1) wählen
> *Taste: ESC*

> *Skizze fertig stellen*

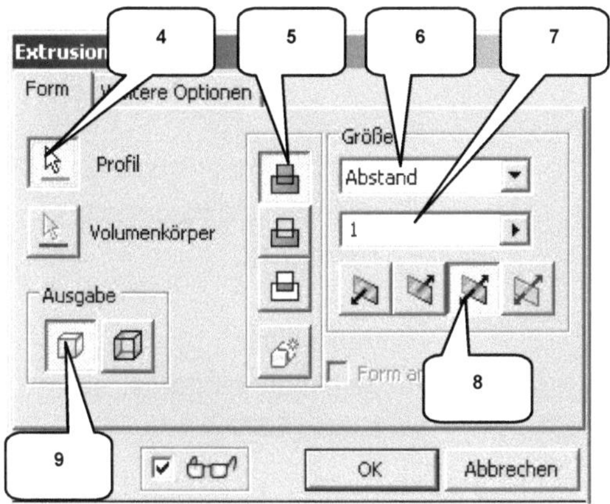

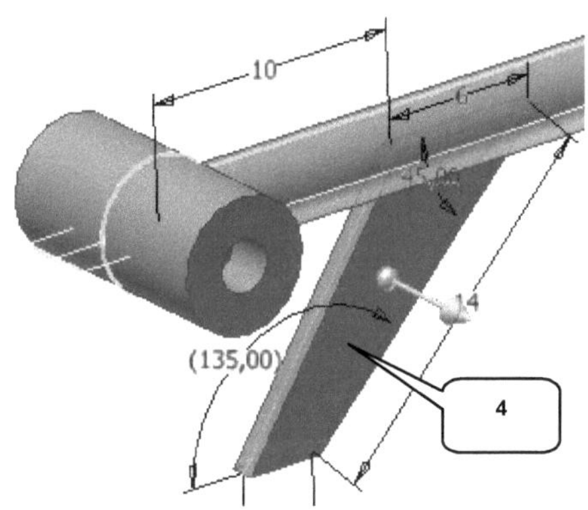

> *Extrusion*
> Profil: Skizzenkontur (4)
> Verfahren: Vereinigung (5)
> Größe: Abstand (6)

> Abstand: [1 mm] (7)
> Richtung: Symmetrisch (8)
> Ausgabe: Volumenkörper (9)
> *OK*

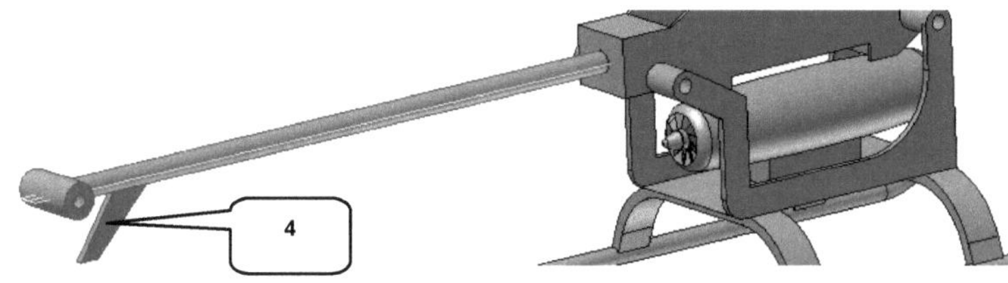

14.14 Zeichnen und Extrudieren einer waagrechten Geometrie

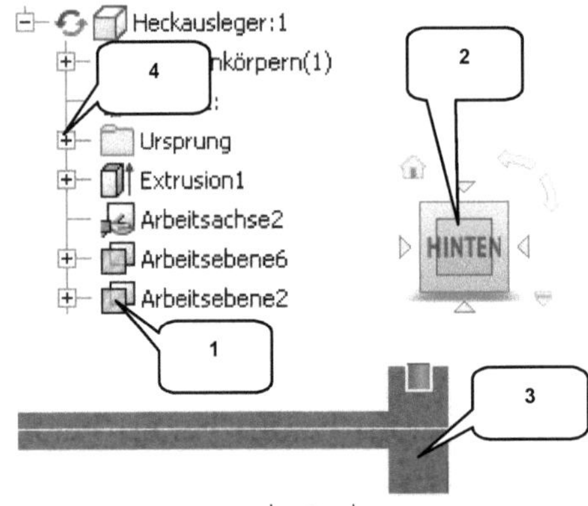

➢ **2D-Skizze starten**
➢ 2. erstellte Arbeitsebene wählen (1)

➢ **ViewCube-Ansicht: HINTEN** (2)

➢ **Taste: F7** (Skizze aufschneiden)

➢ **Schnittkanten projizieren**
➢ Vorhandenen Volumenkörper wählen (3)
➢ **Taste: ESC**

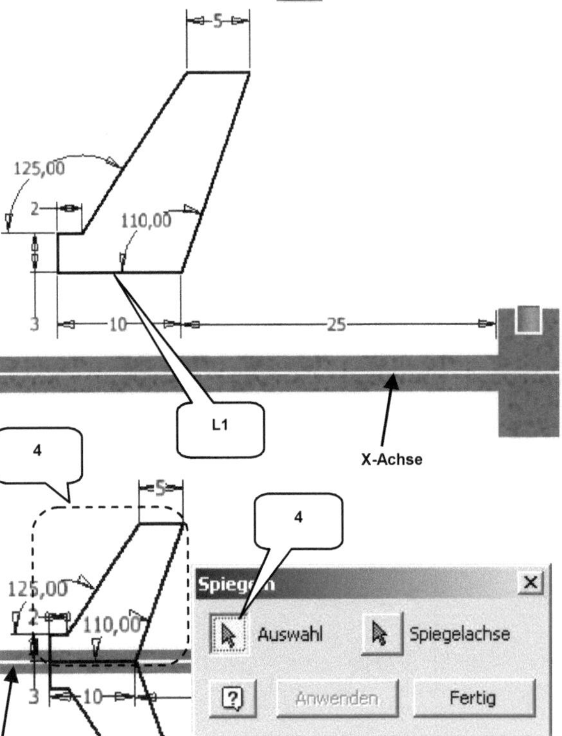

➢ **Geometrie projizieren**
➢ Ordner Urspr. aufklappen (4)
➢ 3 Hauptachsen wählen
➢ **Taste: ESC**

➢ **Linie**
➢ Linienkontur aus 6 Linien zeichnen wie dargestellt
➢ **Taste: ESC**

➢ **Bemaßung**
➢ Bemaßen wie dargestellt
➢ **Taste: ESC**

➢ **Abhängigkeit Kollinear**
➢ Linie (L1) wählen
➢ Projizierte X-Achse wählen
➢ **Taste: ESC**

➢ **Spiegeln**
➢ Auswahl: Nacheinander alle 6 Linien wählen (4)
➢ Spiegelachse: X-Achse
➢ **ANWENDEN**
➢ **FERTIG**

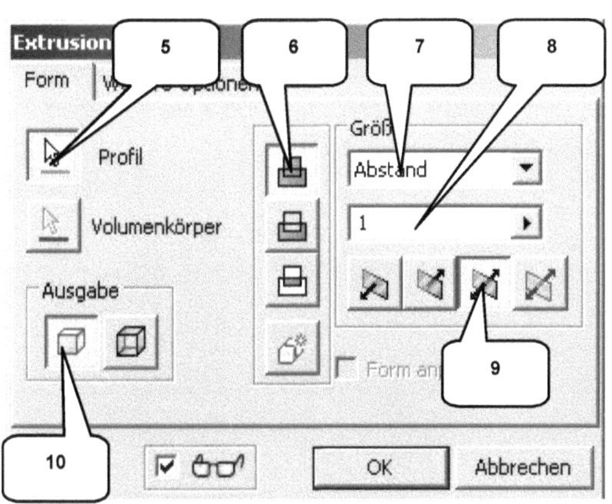
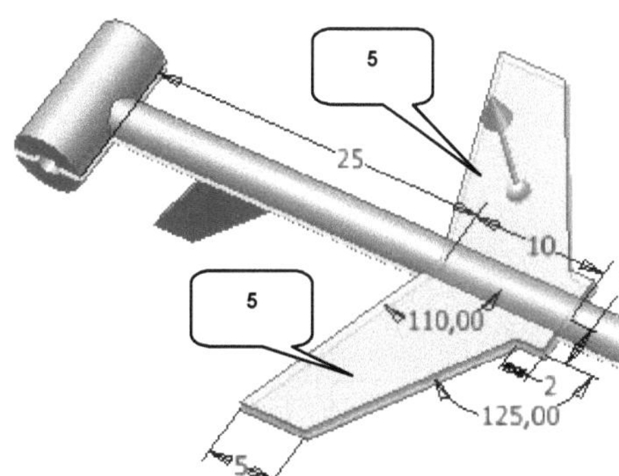

> ***Skizze fertig stellen***

> ***Extrusion***
> Profil: Beide Konturen wählen (5)
> Verfahren: Vereinigung (6)

> Größe: Abstand (7)
> Abstand: [1 mm] (8)
> Richtung: Symmetrisch (9)
> Ausgabe: Volumenkörper (10)
> ***OK***

14.15 Zeichnen und Extrudieren der Anschlussgeometrie

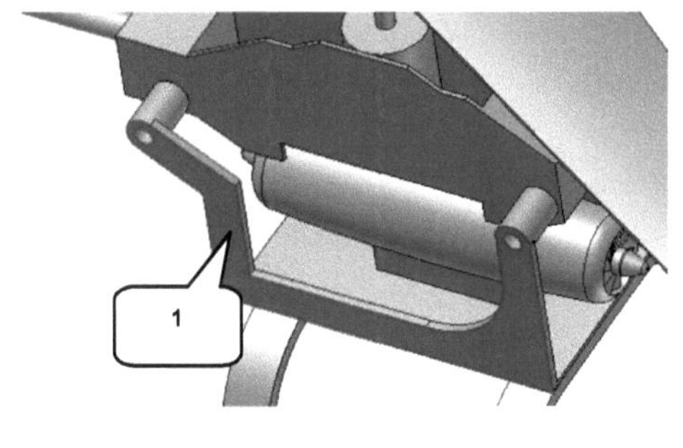

Auf der äußeren Fläche des Bauteils ***Rumpf-Unterteil*** soll eine neue 2D-Skizze erzeugt werden. Es ist darauf zu achten, dass noch immer das Bauteil ***Heckausleger*** bearbeitet wird.

> ***2D-Skizze starten***
> Markierte Fläche wählen (1)

> ***ViewCube-Ansicht: OBEN*** (2)

> ***Schnittkanten projizieren***
> Markierte Fläche wählen (1)
> ***Taste: ESC***

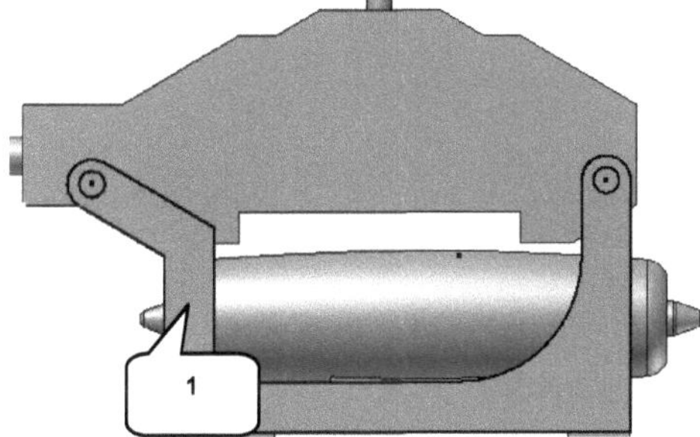
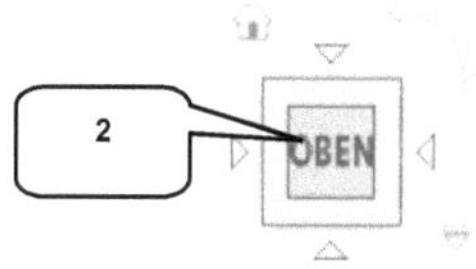

In der linken unteren Ecke der projizierten Kontur sollen jetzt ein *Kreis* und ein *Rechteck* gezeichnet werden. Der Kreismittelpunkt ist auf den Mittelpunkt des projizierten Bogens zu setzen. Das Rechteck wird vorerst außerhalb des Kreises gezeichnet und anschließend mit einer Abhängigkeit versehen. Anschließend wird der Kreis gestutzt.

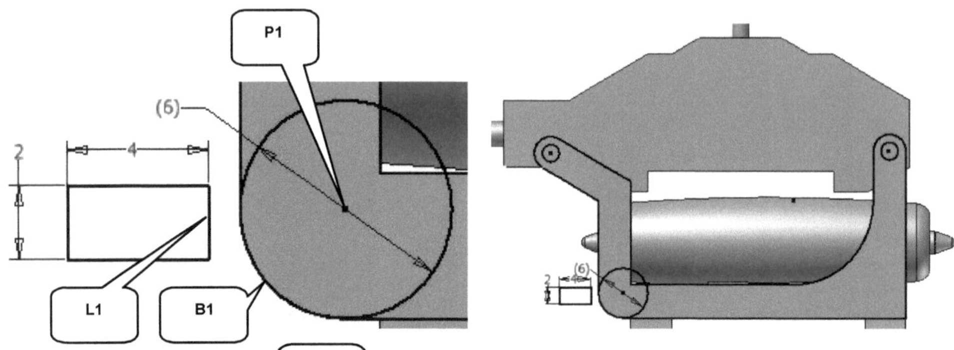

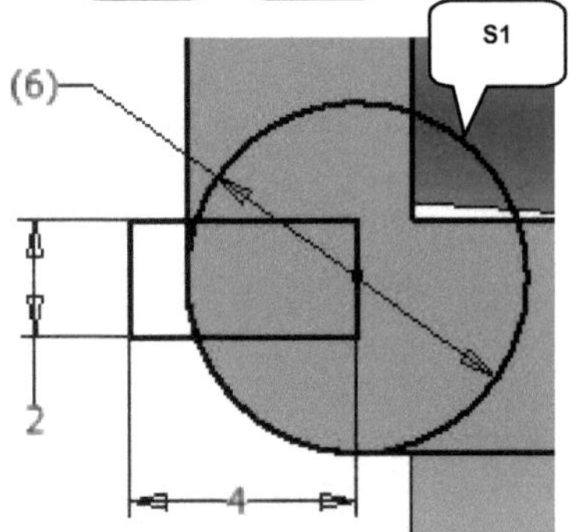

- ➢ *Kreis durch Mittelpunkt*
- ➢ 1. Punkt: Projizierter Bogenmittelpunkt (P1)
- ➢ 2. Punkt: Projizierter Bogen (B1)
- ➢ *Taste: ESC*

- ➢ *Rechteck durch zwei Punkte*
- ➢ Rechteck zeichnen wie dargestellt
- ➢ *Taste: ESC*

- ➢ *Bemaßung*
- ➢ Rechteck bemaßen wie dargestellt
- ➢ *Taste: ESC*

- ➢ *Abhängigkeit Koinzident*
- ➢ Linienmittelpunkt (L1) wählen
- ➢ Bogenmittelpunkt (P1) wählen
- ➢ *Taste: ESC*

- ➢ *Stutzen*
- ➢ Bogensegment (S1) wählen (entfernen)
- ➢ *Taste: ESC*

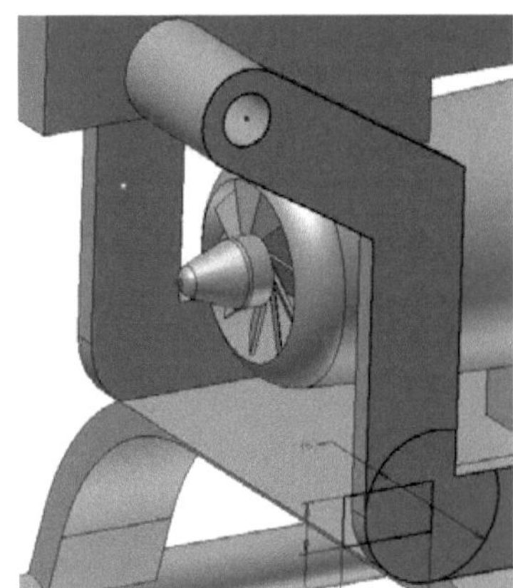

- ➢ *Skizze fertig stellen*

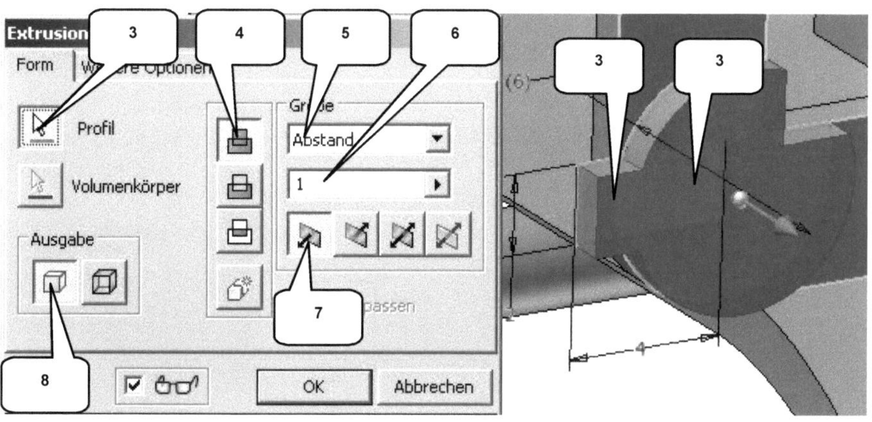

- ➤ **Extrusion**
- ➤ Profil: Kreis und Rechteck wählen (3)
- ➤ Verfahren: Vereinigung (4)
- ➤ Größe: Abstand (5)

- ➤ Abstand: [1 mm] (6)
- ➤ Richtung: Richtung 1 (7)
- ➤ Ausgabe: Volumenkörper (8)
- ➤ **OK**

HINWEIS: Die Extrusion muss vom vorhandenen Volumenkörper weg zeigen. Sollte das nicht der Fall sein, ist die Richtung 2 zu verwenden.

14.16 Erzeugen einer Erhebung

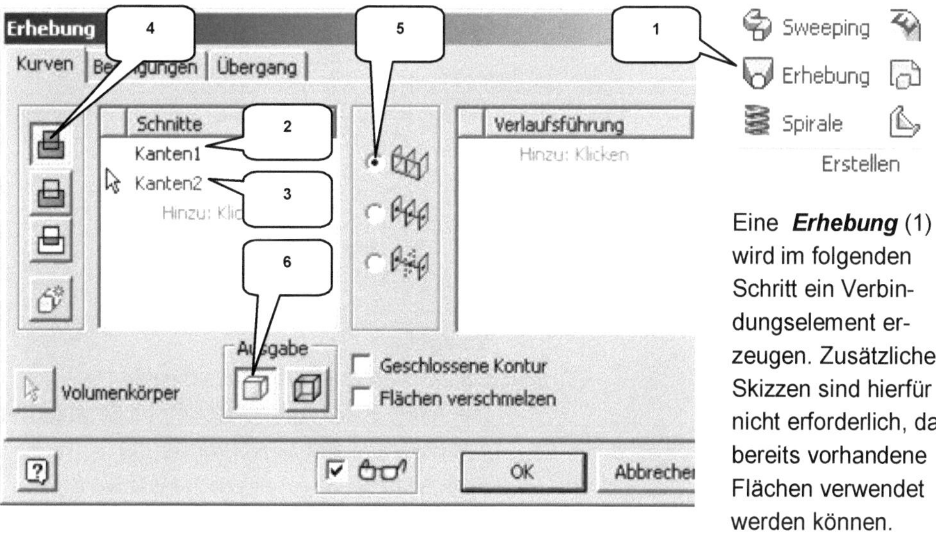

Eine **Erhebung** (1) wird im folgenden Schritt ein Verbindungselement erzeugen. Zusätzliche Skizzen sind hierfür nicht erforderlich, da bereits vorhandene Flächen verwendet werden können.

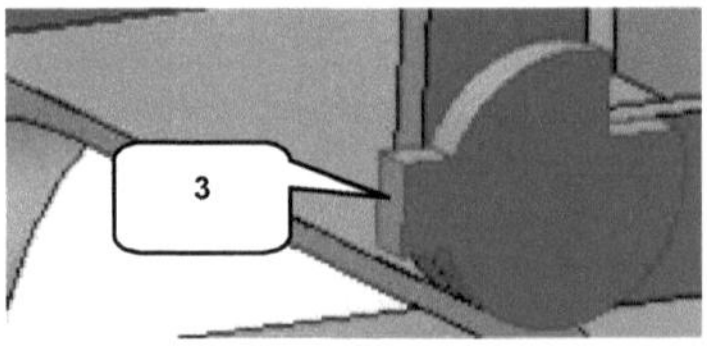

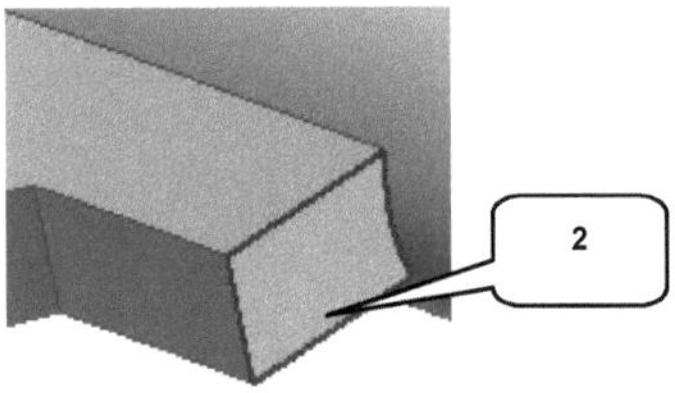

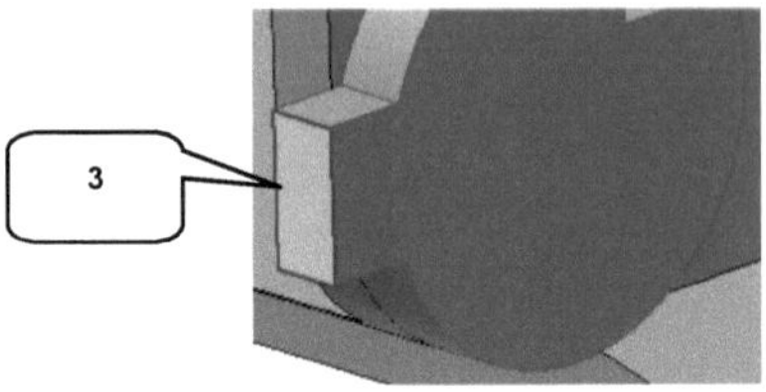

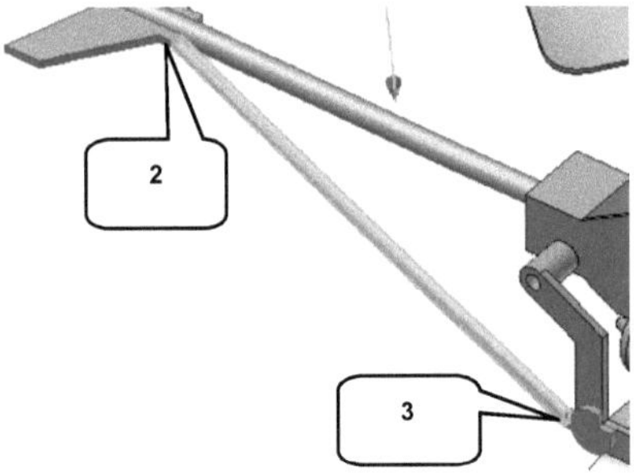

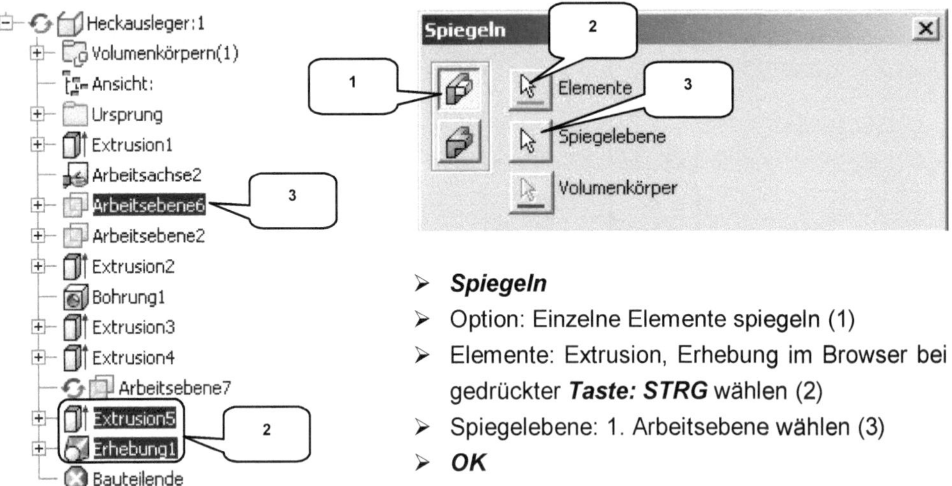

- ➢ **Erhebung** (1)
- ➢ Kante der markierten Fläche wählen (2)
- ➢ Kante der markierten Fläche wählen (3)
- ➢ Verfahren: Vereinigung (**4**)
- ➢ Typ: Verlaufsführung (5)
- ➢ Ausgabe: Volumenkörper (6)
- ➢ **OK**

14.17 Spiegeln der letzten beiden geometrischen Elemente

- ➢ **Spiegeln**
- ➢ Option: Einzelne Elemente spiegeln (1)
- ➢ Elemente: Extrusion, Erhebung im Browser bei gedrückter **Taste: STRG** wählen (2)
- ➢ Spiegelebene: 1. Arbeitsebene wählen (3)
- ➢ **OK**

14.18 Runden der Kanten

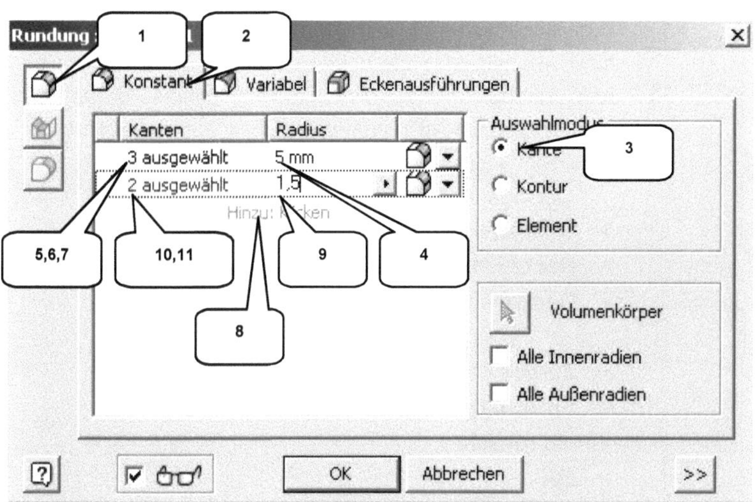

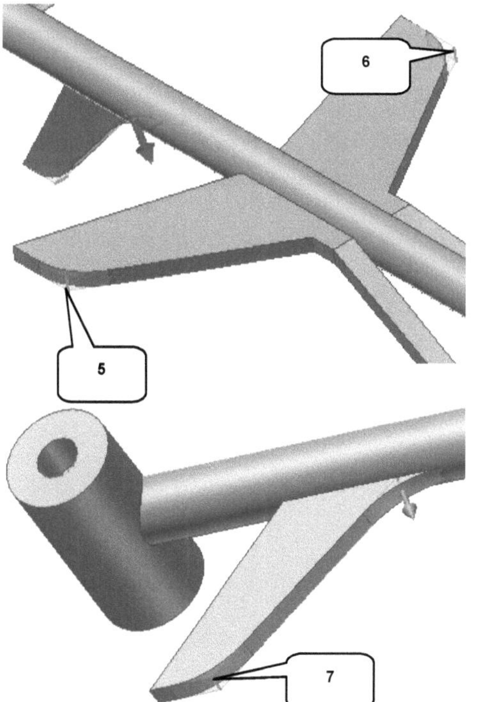

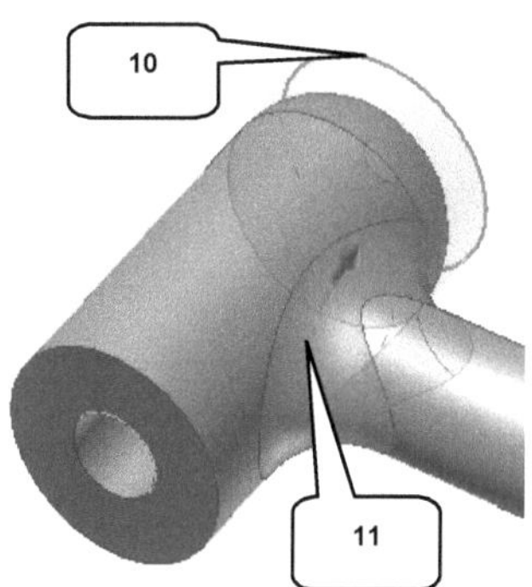

> ➤ *Rundung*
> ➤ Option: Kantenabrundung (1)
> ➤ Reiter: Konstant (2)
> ➤ Auswahlmodus: Kante (3)
> ➤ Radius: [5 mm] (4)
> ➤ Kanten: Kanten (5,6,7) wählen
> ➤ *HINZU: KLICKEN* (8)
> ➤ Radius: [1,5 mm] (9)
> ➤ Kanten: Kanten (10,11) wählen
> ➤ *OK*

14.19 Arbeitselemente ausblenden und zur Baugruppe zurückkehren

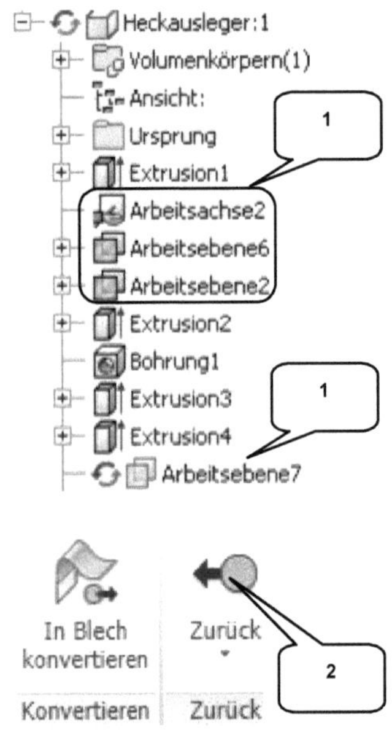

Weil keine weiteren Bearbeitungen am Bauteil erforderlich sind, können jetzt alle noch sichtbaren Achsen und Ebenen ausgeblendet werden und im Anschluss daran kann in den Bereich der Hauptbaugruppe zurückgekehrt werden.

> Sichtbare Arbeitsebenen und -achsen markieren
> **Rechte Maustaste**
> Deaktivieren: Sichtbarkeit

> **Zurück** (2)
> **Speichern**
> **Ja, für Alle**
> **OK**

HINWEIS: Mit dem Befehl **Zurück** (2) wechseln Sie von der Bearbeitung eines Bauteils in die übergeordnete Baugruppe zurück. Der Befehl sollte nicht mit dem Befehl **Rückgängig** verwechselt werden, welcher den letzten Arbeitsschritt rückgängig macht.

14.20 Bauteil: Heckrotor mit Abhängigkeiten versehen

Das Bauteil **Heckrotor** ist jetzt im hinteren Bereich des Heckauslegers zu platzieren.

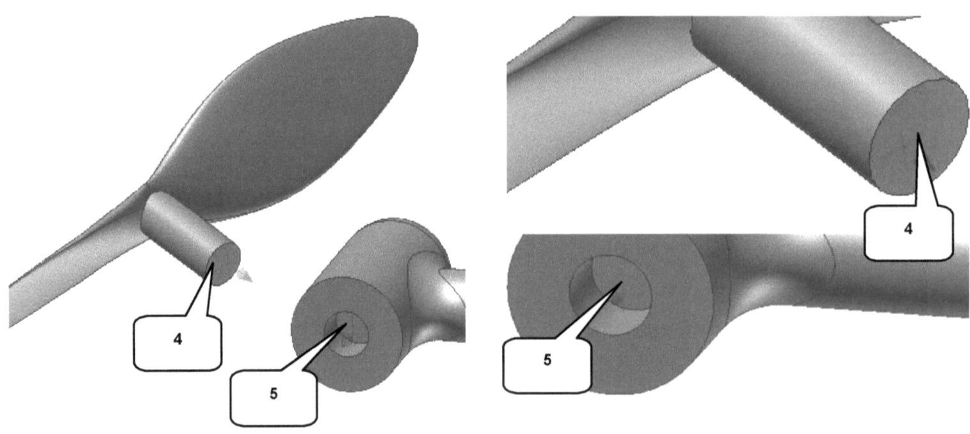

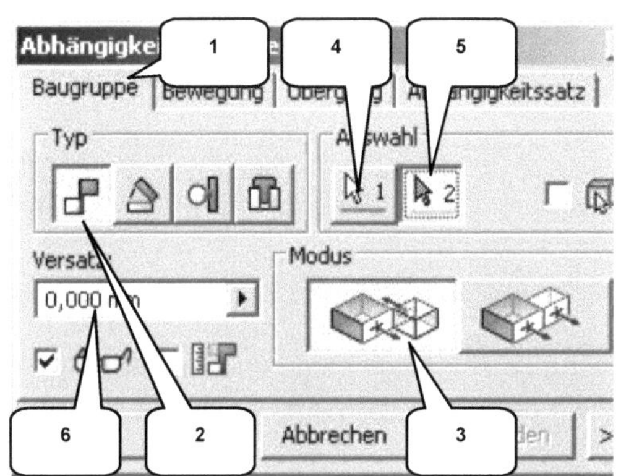

> ***Abhängig machen***
> Reiter: Baugruppe (1)
> Typ: Passend (2)
> Modus: Passend (3)
> Auswahl 1: Markierte Fläche (Heckrotor) (4)
> Auswahl 2: Markierte Fläche der Bohrung (Heckausleger) (5)
> Versatz: [0 mm] (6)
> ***OK***

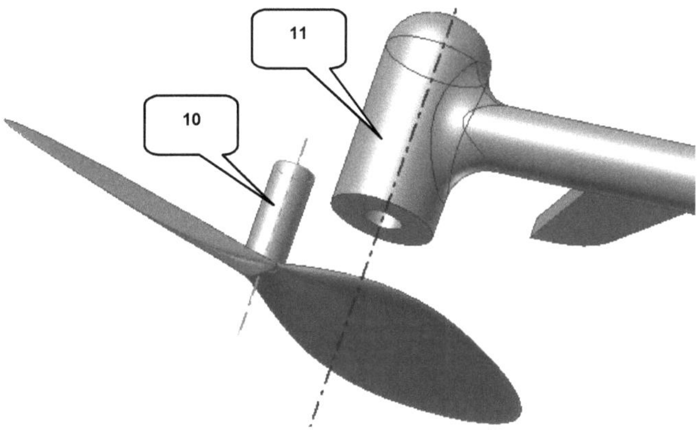

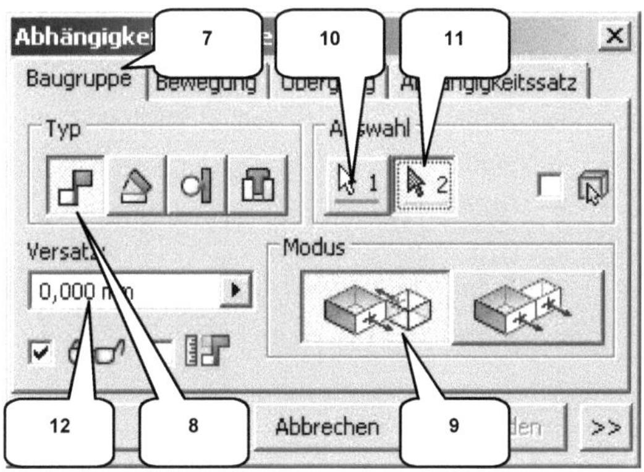

> ***Abhängig machen***
> Reiter: Baugruppe (7)
> Typ: Passend (8)
> Modus: Passend (9)
> Auswahl 1: Markierte Zylinderfläche (Heckrotor) (10)
> Auswahl 2: Markierte Zylinderfläche (Heckausleger) (11)
> Versatz: [0 mm] (12)
> ***OK***

14.21 Download des Bauteils: Kabine

Als letztes Bauteil soll die Kabine in die Baugruppe eingefügt werden. Die Kabine wurde bereits konstruiert und kann als fertige Datei von der folgenden Webseite heruntergeladen werden:

> *http://www.cad-trainings.de/html/Download.html*

Hier ist das **Autodesk Inventor 2017 Einsteiger-Tutorial Hubschrauber** zu suchen und auf den rechts daneben befindlichen Link zu klicken. Das Bauteil **Kabine.ipt** muss im Projektordner auf Ihrem PC gespeichert werden.

14.22 Platzieren und Positionieren der Kabine

Das zuvor von der Website heruntergeladene Bauteil soll jetzt in die Baugruppe eingefügt und dort positioniert werden.

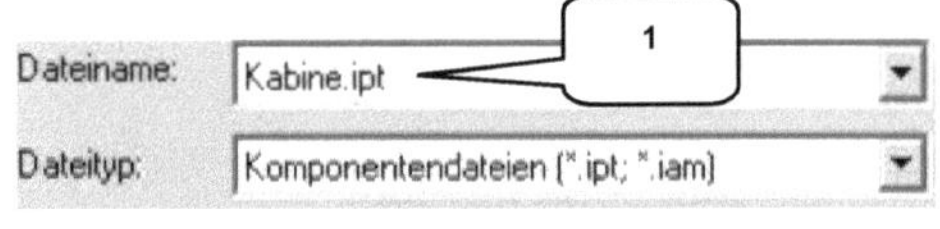

> *Komponente platzieren*
> Dateiname: *Kabine* wählen (1)
> *ÖFFNEN*

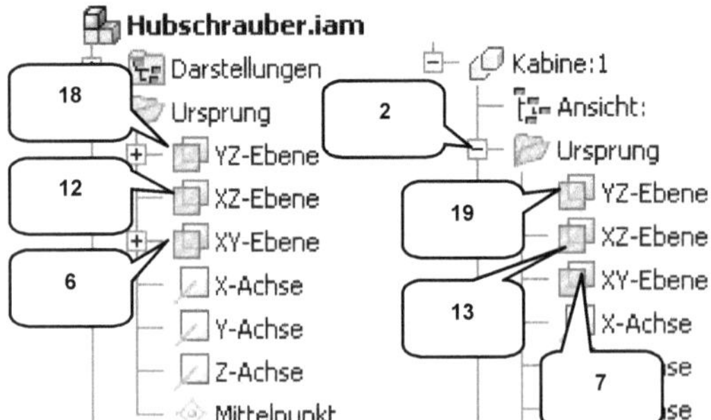

> Bauteil einmal im Zeichenbereich ablegen
> *Taste: ESC*

> Ordner *Ursprung* des Bauteils *Kabine* aufklappen (2)

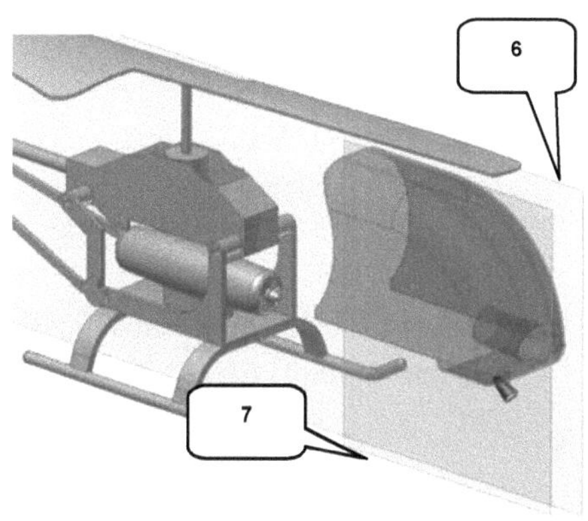

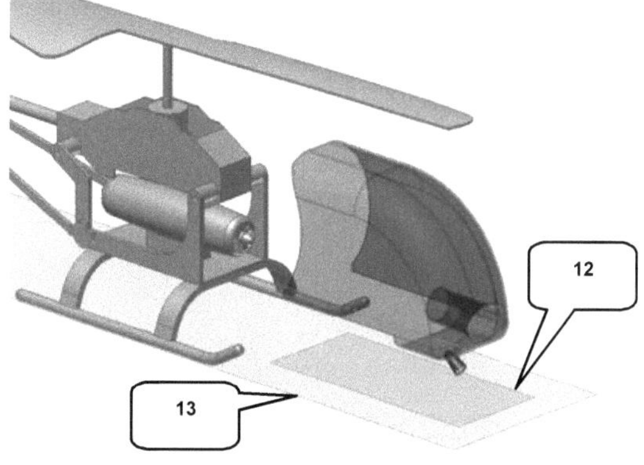

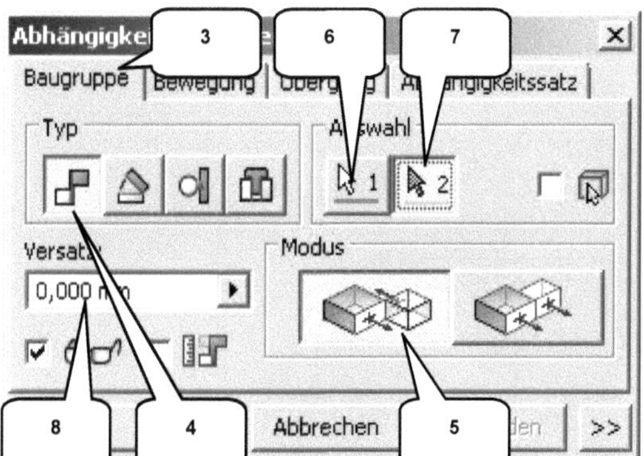

> ***Abhängig machen***
> Reiter: Baugruppe (3)
> Typ: Passend (4)
> Modus: Passend (5)
> Auswahl 1: XY-Ebene (Baugruppe) (6)
> Auswahl 2: XY-Ebene (Kabine) (7)
> Versatz: [0 mm] (8)
> ***OK***

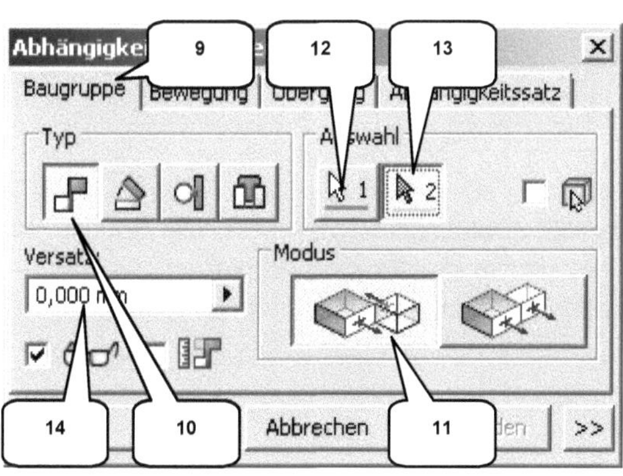

> ***Abhängig machen***
> Reiter: Baugruppe (9)
> Typ: Passend (10)
> Modus: Passend (11)
> Auswahl 1: XZ-Ebene (Baugruppe) (12)
> Auswahl 2: XZ-Ebene (Kabine) (13)
> Versatz: [0 mm] (14)
> ***OK***

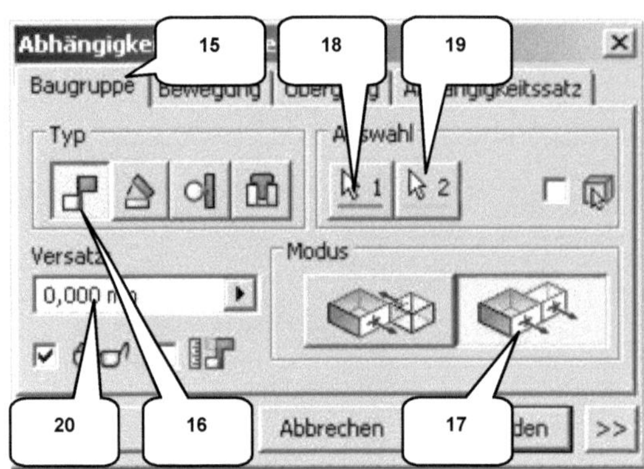

> ***Abhängig machen***
> ➢ Reiter: Baugruppe (15)
> ➢ Typ: Passend (16)
> ➢ Modus: Fluchtend (17)
> ➢ Auswahl 1: YZ-Ebene (Baugruppe) (18)
> ➢ Auswahl 2: YZ-Ebene (Kabine) (19)
> ➢ Versatz: [0 mm] (20)
> ➢ ***OK***

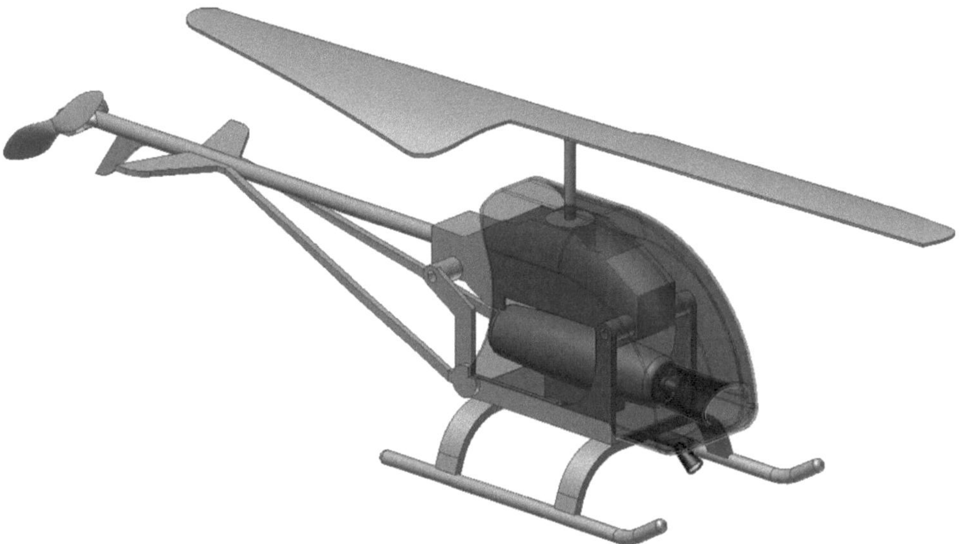

Die Kabine sollte wie im oberen Bild dargestellt positioniert worden sein. Alle Bauteile der Baugruppe sind damit vollständig konstruiert und in der Baugruppe platziert worden. Im folgenden Kapitel werden diese durch Schraubenverbindung miteinander verbunden.

15 Einfügen der Schraubenverbindungen

15.1 Schraubenverbindung zwischen Kabine und Rumpf

Vor dem nächsten Schritt sollte die Baugruppe noch einmal gespeichert werden. Anschließend ist in das Register **Konstruktion** (1) zu wechseln und dort der Befehl **Schraubenverbindung** (2) zu starten. Dieser Befehl kombiniert das Importieren von Normteilen (Schrauben, Scheiben, Muttern) aus dem Inhaltscenter in eine Baugruppe mit der zusätzlichen Bearbeitung der betroffenen Bauteile durch automatisches Setzen von Durchgangs- und Gewindebohrungen.

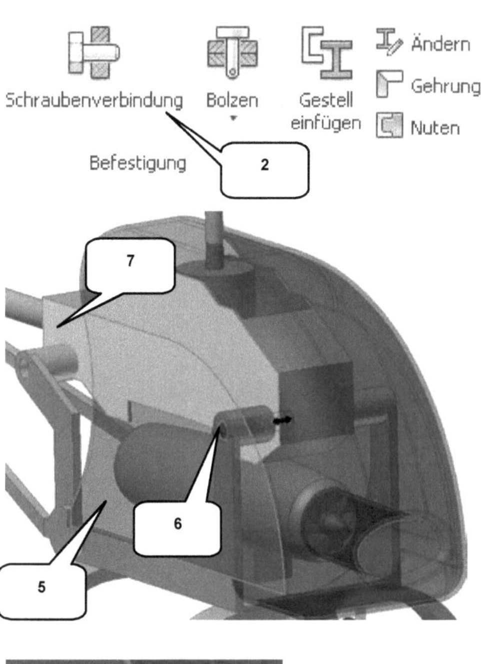

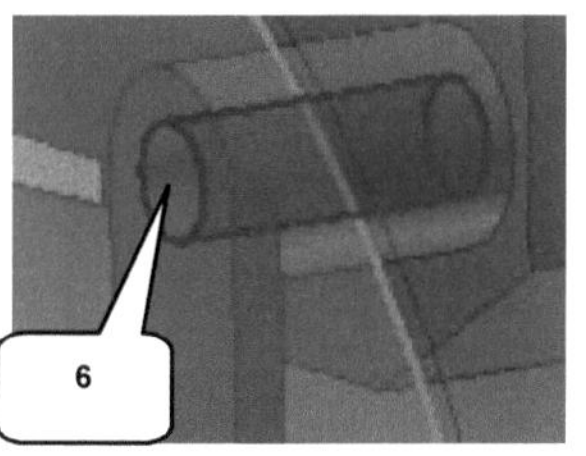

> ➢ **Speichern**

> ➢ Register: **Konstruktion** (1)

> ➢ **Schraubenverbindung** (2)
> ➢ Typ: Nicht durchgehend (3)
> ➢ Platzierung: Konzentrisch (4)
> ➢ Startebene: Markierte Seitenfläche (Kabine) (5)
> ➢ Runde Referenz: Markierte Bohrung (Rumpf-Unterteil) (6)
> ➢ Sackloch-Startebene: Markierte Seitenfläche (Rumpf-Oberteil) (7)
> ➢ Gewinde: ISO Metrisches Profil (8)
> ➢ Durchmesser: [2 mm] (9)

HINWEIS: Der Befehl darf jetzt noch <u>nicht</u> bestätigt werden, da noch eine Schraube hinzugefügt werden muss.

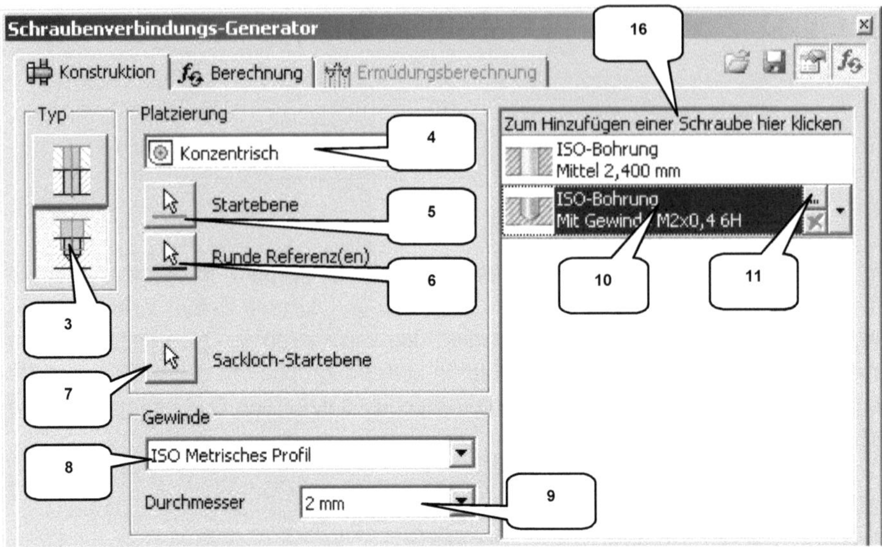

Das Programm hat die fehlenden Bohrungen in den betreffenden Bauteilen bereits berech-
net. Die Tiefe der Gewindebohrung im Bauteil Rumpf-Oberteil muss allerdings noch definiert
werden, was im rechten Bereich des Schraubenverbindungs-Generators erfolgt. Hier ist
einmalig auf die untere Gewindebohrung (10) zu klicken, um anschließend die Bearbeitung
(11) öffnen zu können.

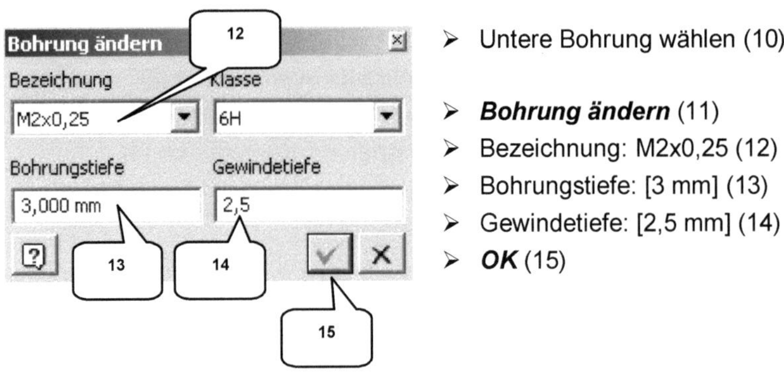

> Untere Bohrung wählen (10)

> ***Bohrung ändern*** (11)
> Bezeichnung: M2x0,25 (12)
> Bohrungstiefe: [3 mm] (13)
> Gewindetiefe: [2,5 mm] (14)
> ***OK*** (15)

Nachdem Größe, Tiefe und Position der Bohrung festgelegt wurden, kann mit der Auswahl
der Schraube begonnen werden. Hierfür muss im Schraubenverbindungs-Generator die
Option ***Zum Hinzufügen einer Schraube hier klicken*** (16) aktiviert werden.

HINWEIS: Oft bringt der erste Versuch, die Option ***Zum Hinzufügen einer Schraube hier
klicken*** zu aktivieren keinen Erfolg. Dann muss einfach erneut darauf geklickt werden.

> ***Zum Hinzufügen einer Schraube hier klicken*** (16)
> Norm: DIN (17)
> Kategorie: Rundkopfschrauben (18)
> ***DIN EN ISO 7045 H*** wählen (19)

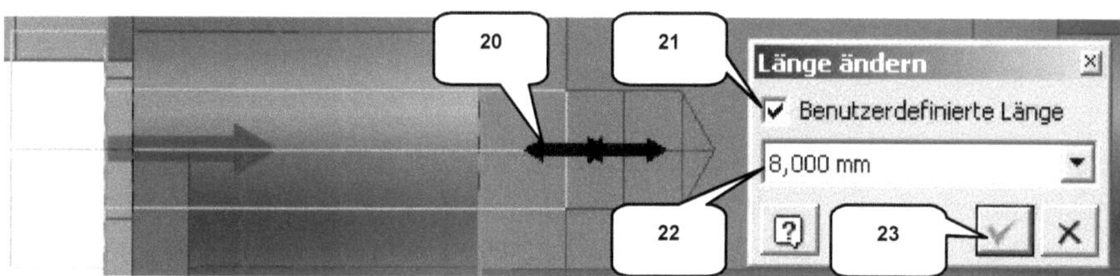

> Doppelklick auf den Doppelpfeil der Schraube (20)
> Aktivieren: Benutzerdefinierte Länge (21)
> Länge: [8 mm] (22)
> ***OK*** (23)
> ***OK*** (Schraubenverbindungs-Generator) (24)
> ***OK*** (Dateibenennung)

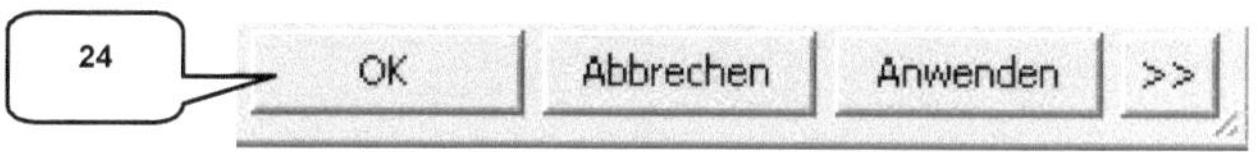

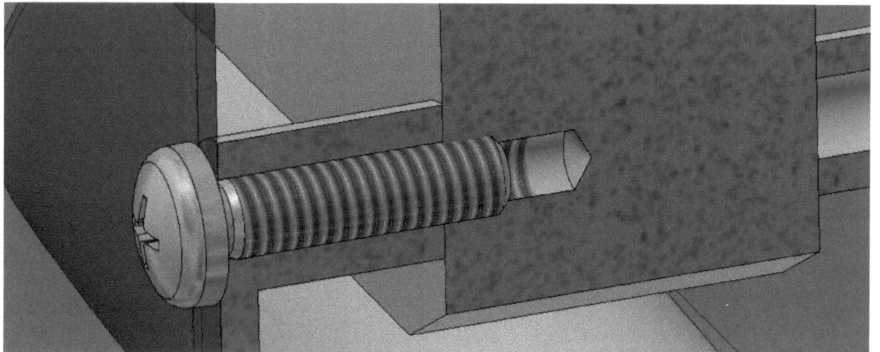

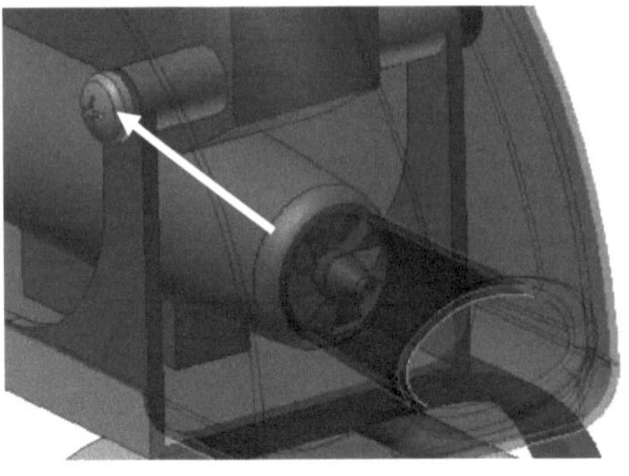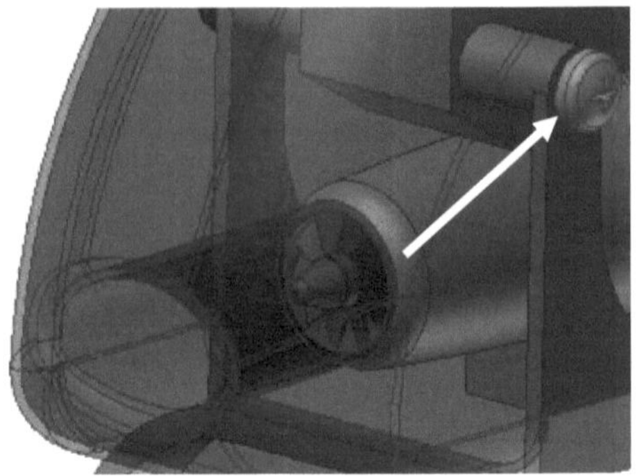

Eine identische **Schraubenverbindung** jetzt auch auf der gegenüberliegenden Seite des Hubschraubers einfügen.

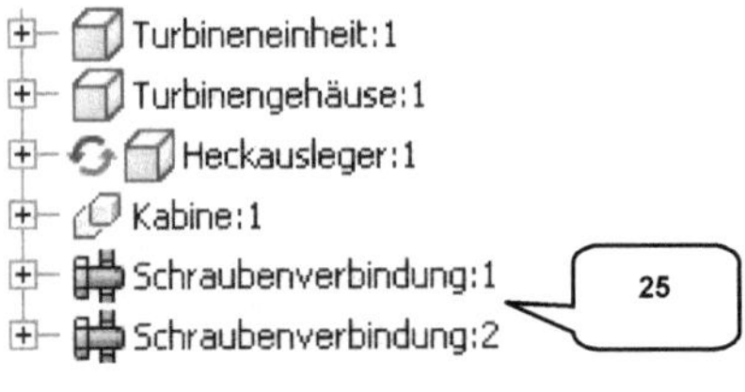

Im Browser wurden zwei Schraubenverbindungen erzeugt (25). Um eine Schraubenverbindung zu bearbeiten, ist im Browser mit der rechten Maustaste darauf zu klicken und die Option **Mit Konstruktions-Assistent bearbeiten** (26) zu wählen.

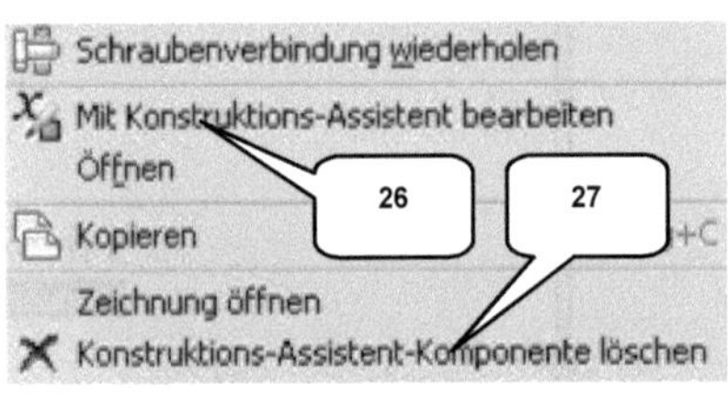

Um eine Schraubenverbindung aus einer Baugruppe zu löschen, ist im Browser mit der rechten Maustaste darauf zu klicken und die Option **Konstruktions-Assistent-Komponente löschen** (27) zu wählen.

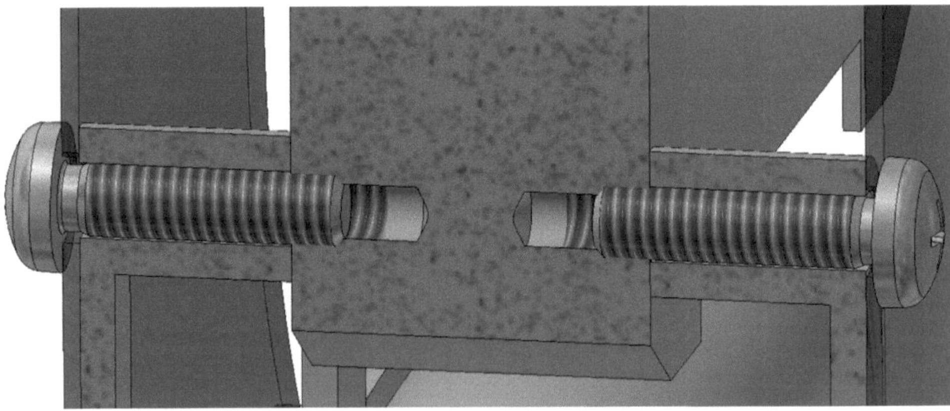

15.2 Schraubenverbindung zwischen Rumpf-Oberteil und -Unterteil

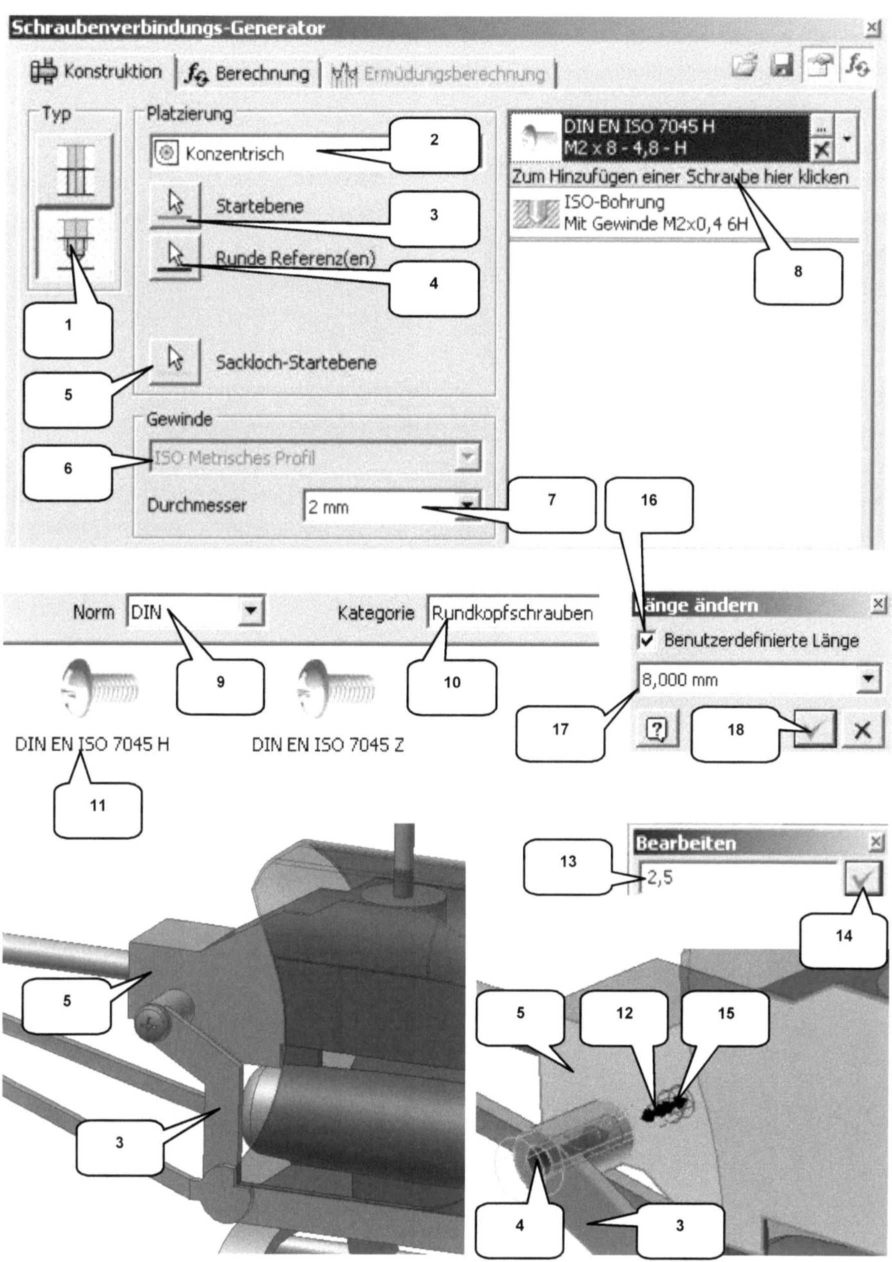

- ➢ *Schraubenverbindung*
- ➢ Typ: Nicht durchgehend (1)
- ➢ Platzierung: Konzentrisch (2)
- ➢ Startebene: Markierte Seitenfläche (Rumpf-Unterteil) (3)
- ➢ Runde Referenz: Markierte Bohrung (Rumpf-Unterteil) (4)
- ➢ Sackloch-Startebene: Markierte Seitenfläche (Rumpf-Oberteil) (5)
- ➢ Gewinde: ISO Metrisches Profil (6)
- ➢ Durchmesser: [2 mm] (7)

- ➢ *Zum Hinzufügen einer Schraube hier klicken* (8)
- ➢ Norm: DIN (9)
- ➢ Kategorie: Rundkopfschrauben (10)
- ➢ *DIN EN ISO 7045 H* wählen (11)

- ➢ Doppelklick auf Doppelpfeil der Gewindebohrung (12)
- ➢ Tiefe: [2,5 mm] (13)
- ➢ *OK* (14)

- ➢ Doppelklick auf Doppelpfeil der Schraube (15)
- ➢ Aktivieren: Benutzerdefinierte Länge (16)
- ➢ Länge: [8 mm] (17)
- ➢ *OK* (18)

- ➢ *OK* (Schraubenverbindungs-Generator)
- ➢ *OK* (Dateibenennung)

Eine identische Schraubenverbindung jetzt auch auf der gegenüberliegenden Seite des Hubschraubers einfügen.

15.3 Schraubenverbindung zw. Rumpf-Unterteil und Heckausleger

Die Schraubenverbindung zwischen den Bauteilen *Rumpf-Unterteil* und *Heckausleger* wird etwas anders konstruiert. Beide Bauteile werden mit einer Durchgangsbohrung versehen und durch eine Schraubenverbindung bestehend aus Schraube, Scheibe und Mutter miteinander verbunden. Bohrungstiefe und Schraubenlänge bestimmt das Programm hier selbst.

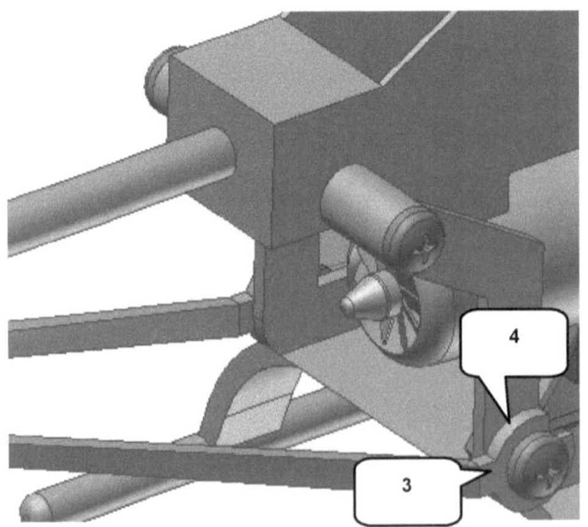

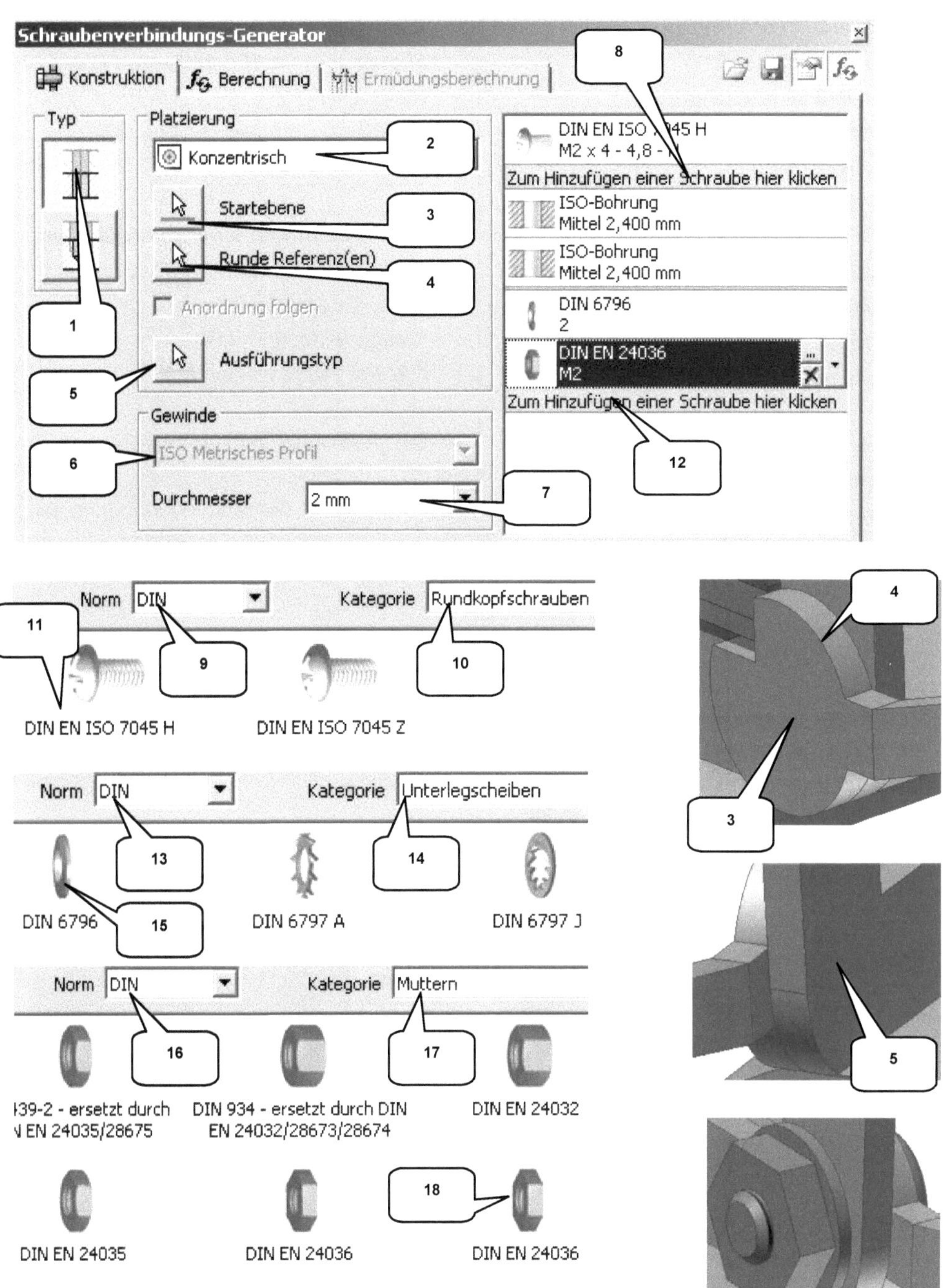
Schraubenverbindungs-Generator
Konstruktion
Berechnung
Ermüdungsberechnung
Typ
Platzierung
Konzentrisch
Startebene
Runde Referenz(en)
Anordnung folgen
Ausführungstyp
Gewinde
ISO Metrisches Profil
Durchmesser
2 mm
DIN EN ISO 7045 H
M2 x 4 - 4,8 -
Zum Hinzufügen einer Schraube hier klicken
ISO-Bohrung
Mittel 2,400 mm
ISO-Bohrung
Mittel 2,400 mm
DIN 6796
2
DIN EN 24036
M2
Zum Hinzufügen einer Schraube hier klicken
1
2
3
4
5
6
7
8
12
Norm DIN
Kategorie Rundkopfschrauben
11
9
10
DIN EN ISO 7045 H
DIN EN ISO 7045 Z
4
3
Norm DIN
Kategorie Unterlegscheiben
13
14
DIN 6796
15
DIN 6797 A
DIN 6797 J
5
Norm DIN
Kategorie Muttern
16
17
439-2 - ersetzt durch
N EN 24035/28675
DIN 934 - ersetzt durch DIN
EN 24032/28673/28674
DIN EN 24032
DIN EN 24035
DIN EN 24036
18
DIN EN 24036

- ➢ *Schraubenverbindung*
- ➢ Typ: Durchgehend (1)
- ➢ Platzierung: Konzentrisch (2)
- ➢ Startebene: Markierte Seitenfläche (Heckausleger) (3)
- ➢ Runde Referenz: Markierte Kante (Heckausleger) (4)
- ➢ Ausführungstyp: Markierte Innenfläche (Rumpf-Unterteil) (5)
- ➢ Gewinde: ISO Metrisches Profil (6)
- ➢ Durchmesser: [2 mm] (7)

- ➢ *Zum Hinzufügen einer Schraube hier klicken* (8)
- ➢ Norm: DIN (9)
- ➢ Kategorie: Rundkopfschrauben (10)
- ➢ *DIN EN ISO 7045 H* wählen (11)

- ➢ *Zum Hinzufügen einer Schraube hier klicken* (12) (*im Befehlsfenster unten!*)
- ➢ Norm: DIN (13)
- ➢ Kategorie: Unterlegscheiben (14)
- ➢ *DIN 6796* wählen (15)

- ➢ *Zum Hinzufügen einer Schraube hier klicken* (12) (*im Befehlsfenster unten!*)
- ➢ Norm: DIN (16)
- ➢ Kategorie: Muttern (17)
- ➢ *DIN EN 24036* wählen (18)

- ➢ *OK* (Schraubenverbindungs-Generator)

Eine identische Schraubenverbindung jetzt auch auf der gegenüberliegenden Seite des Hubschraubers einfügen.

15.4 Schraubenverbindung zwischen Landegestell und Rumpf

Die Bauteile *Landegestell* und *Rumpf-Unterteil* werden ebenfalls durch eine Schraubenverbindung, bestehend aus Schraube, Scheibe und Mutter, miteinander verbunden. Die Platzierung muss hier allerdings linear erfolgen. Als lineare Referenzen sind zwei Körperkanten der beiden Bauteile zu verwenden.

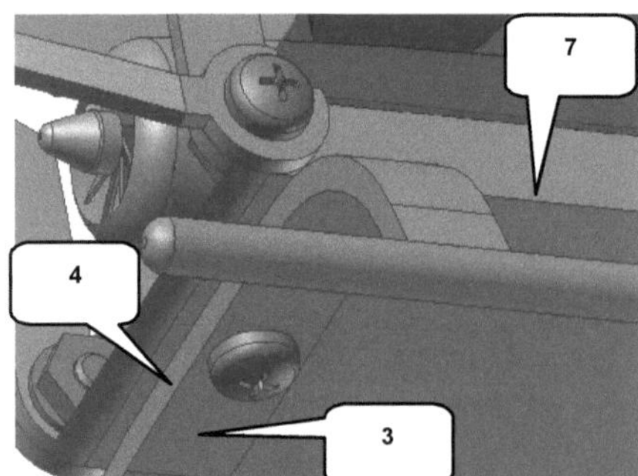

HINWEIS: Sollten sich die Bearbeitungsfenster für die Abstände zu den beiden Referenzkanten (5,8) nach Auswahl der Referenzkanten (4,7) nicht automatisch öffnen, muss zuerst der Ausführungstyp gewählt und dann auf die Maßzahlen doppelgeklickt werden.

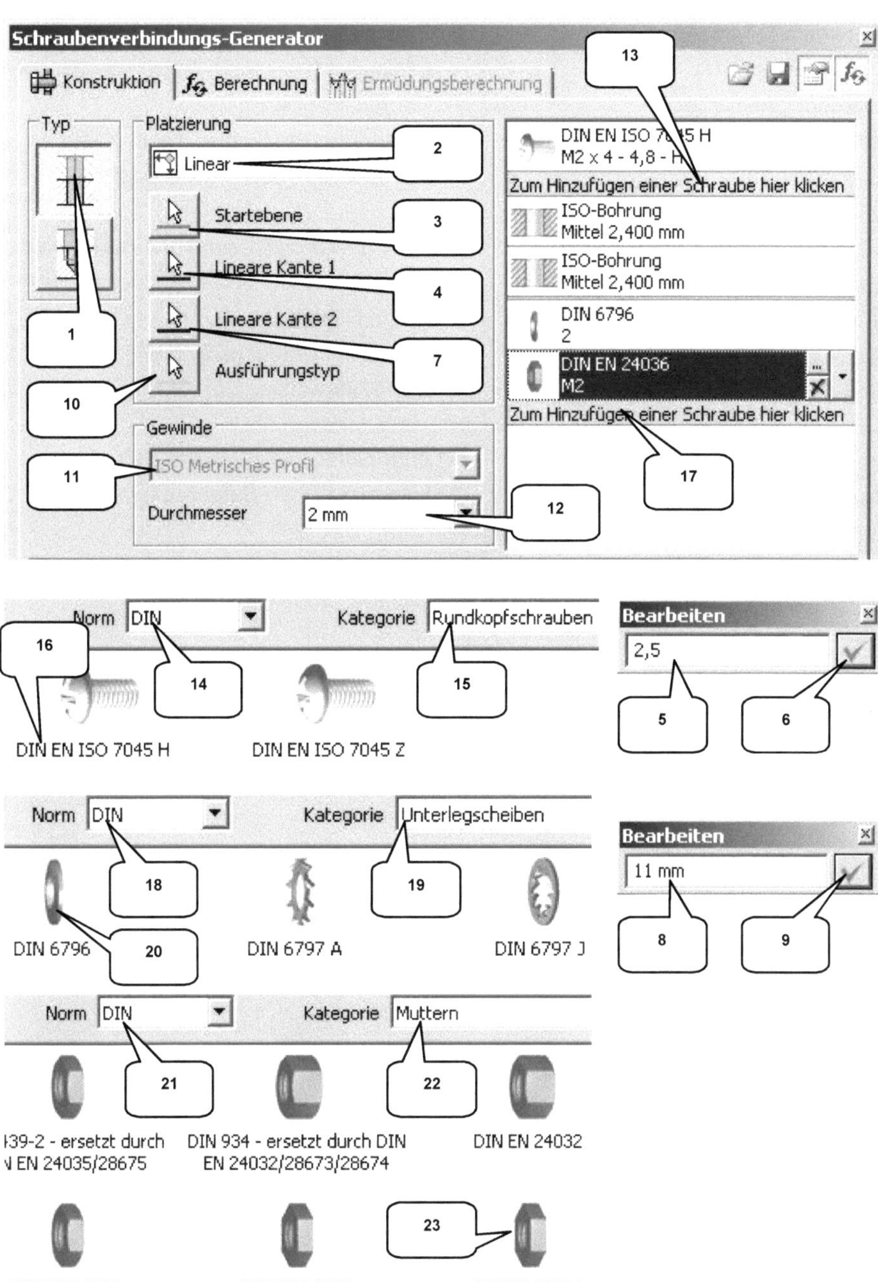
Schraubenverbindungs-Generator
Konstruktion
Berechnung
Ermüdungsberechnung
Typ
Platzierung
Linear
Startebene
Lineare Kante 1
Lineare Kante 2
Ausführungstyp
Gewinde
ISO Metrisches Profil
Durchmesser
2 mm
DIN EN ISO 7045 H
M2 x 4 - 4,8 - H
Zum Hinzufügen einer Schraube hier klicken
ISO-Bohrung
Mittel 2,400 mm
ISO-Bohrung
Mittel 2,400 mm
DIN 6796
2
DIN EN 24036
M2
Zum Hinzufügen einer Schraube hier klicken
13
2
3
4
7
1
10
11
12
17
Norm DIN
Kategorie Rundkopfschrauben
16
14
15
DIN EN ISO 7045 H
DIN EN ISO 7045 Z
Bearbeiten
2,5
5
6
Norm DIN
Kategorie Unterlegscheiben
18
19
DIN 6796
DIN 6797 A
DIN 6797 J
20
Bearbeiten
11 mm
8
9
Norm DIN
Kategorie Muttern
21
22
939-2 - ersetzt durch
N EN 24035/28675
DIN 934 - ersetzt durch DIN
EN 24032/28673/28674
DIN EN 24032
DIN EN 24035
DIN EN 24036
DIN EN 24036
23

➢ *Schraubenverbindung*

➢ Typ: Durchgehend (1)

➢ Platzierung: Linear (2)

➢ Startebene: Untere Fläche (Landegestell) (3)

➢ Lineare Kante 1: Markierte Kante (Landegestell) wählen (4)

➢ Abstand: [2,5 mm] (5)

➢ *OK* (6)

➢ Lineare Kante 2: Markierte Kante (Rumpf-Oberteil) wählen (7)

➢ Abstand: [11 mm] (8)

➢ *OK* (9)

➢ Ausführungstyp: Markierte Fläche (Rumpf-Oberteil) wählen (10)

➢ Gewinde: ISO Metrisches Profil (11)

➢ Durchmesser: [2 mm] (12)

➢ *Zum Hinzufügen einer Schraube hier klicken* (13)

➢ Norm: DIN (14)

➢ Kategorie: Rundkopfschrauben (15)

➢ *DIN EN ISO 7045 H* wählen (16)

➢ *Zum Hinzufügen einer Schraube hier klicken* (17) (*im Befehlsfenster unten!*)

➢ Norm: DIN (18)

➢ Kategorie: Unterlegscheiben (19)

➢ *DIN 6796* wählen (20)

➢ *Zum Hinzufügen einer Schraube hier klicken* (17) (*im Befehlsfenster unten!*)

➢ Norm: DIN (21)

➢ Kategorie: Muttern (22)

➢ *DIN EN 24036* wählen (23)

➢ *OK* (Schraubenverbindungs-Generator)

Eine identische Schraubenverbindung jetzt auch auf der vorderen Seite des Landegestells erzeugen.

15.5 Schraubenverbindung zw. Rumpf-Unterteil und Turbingengeh.

Die letzte *Schraubenverbindung* soll zwischen den Bauteilen *Rumpf-Unterteil* und *Turbinengehäuse* erzeugt werden. Die Platzierung erfolgt auch hier linear.

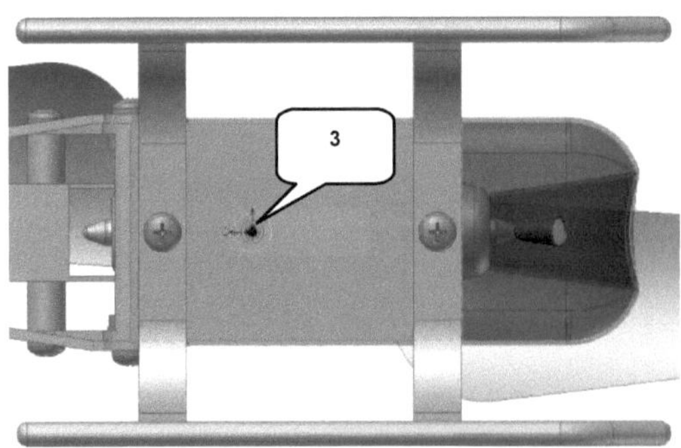

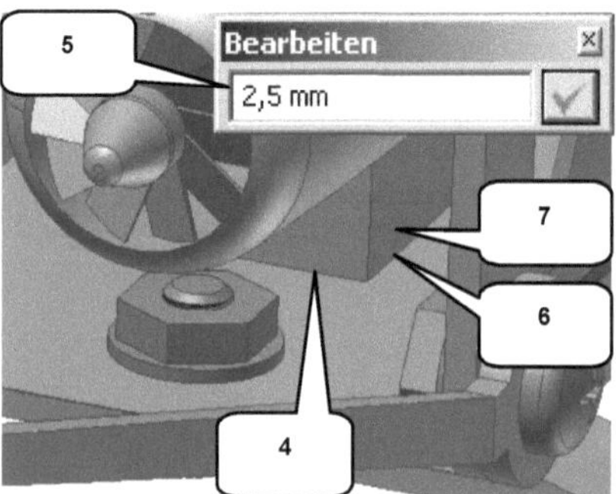

HINWEIS: Bei der Auswahl der Position für die ***Startebene*** ist darauf zu achten, dass möglichst mittig auf die untere Fläche des Bauteils ***Rumpf-Unterteil*** geklickt wird, da es ansonsten Probleme bei der Justierung der Bohrung geben könnte.

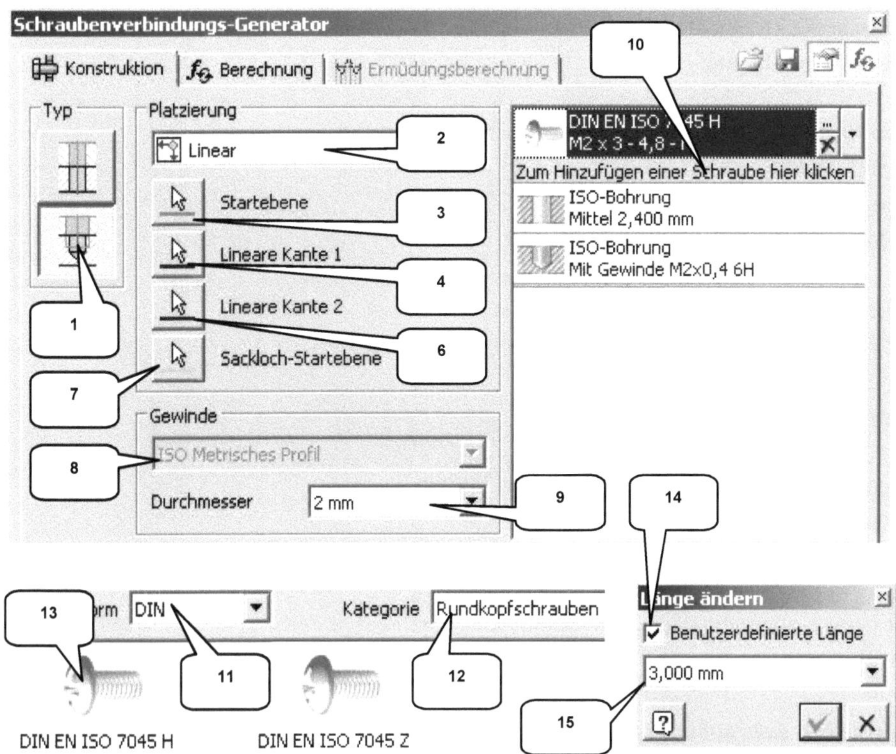

HINWEIS: Als Auswahl für die ***Sackloch-Startebene*** muss die untere Fläche des Bauteils ***Turbinengehäuse*** gewählt werden. Diese Fläche ist zwar durch das Bauteil ***Rumpf-Unterteil*** verdeckt, kann allerdings trotzdem beim Überfahren mit der Maus ausgewählt werden.

- ➢ ***Schraubenverbindung***
- ➢ Typ: Nicht durchgehend (1)
- ➢ Platzierung: Linear (2)
- ➢ Startebene: Untere Fläche (Rumpf-Unterteil) (3)
- ➢ Lineare Kante 1: Markierte Kante (Turbinengehäuse) (4)
- ➢ Abstand: [2,5 mm] (5)
- ➢ ***Taste: ENTER*** (oder OK)

➢ Lineare Kante 2: Markierte Kante (Turbinengehäuse) wählen (6)
➢ Abstand: [2,5 mm] (5)
➢ *Taste: ENTER*
➢ Sackloch-Startebene: Untere Fläche (Turbinengehäuse) wählen (7)
➢ Gewinde: ISO Metrisches Profil (8)
➢ Durchmesser: [2 mm] (9)

➢ *Zum Hinzufügen einer Schraube hier klicken* (10)
➢ Norm: DIN (11)
➢ Kategorie: Rundkopfschrauben (12)
➢ *DIN EN ISO 7045 H* wählen (13)

➢ Doppelklick auf Doppelpfeil der Schraube
➢ Aktivieren: Benutzerdefinierte Länge (14)
➢ Länge: [3 mm] (15)
➢ *Taste: ENTER*

➢ Doppelklick auf Doppelpfeil der Gewindebohrung
➢ Tiefe: [3 mm] (16)
➢ *Taste: ENTER*

➢ *OK* (Schraubenverbindungs-Generator)
➢ *OK* (Dateibenennung)

Eine identische **Schraubenverbindung** jetzt auch auf der vorderen Seite des Turbinengehäuses erzeugen.

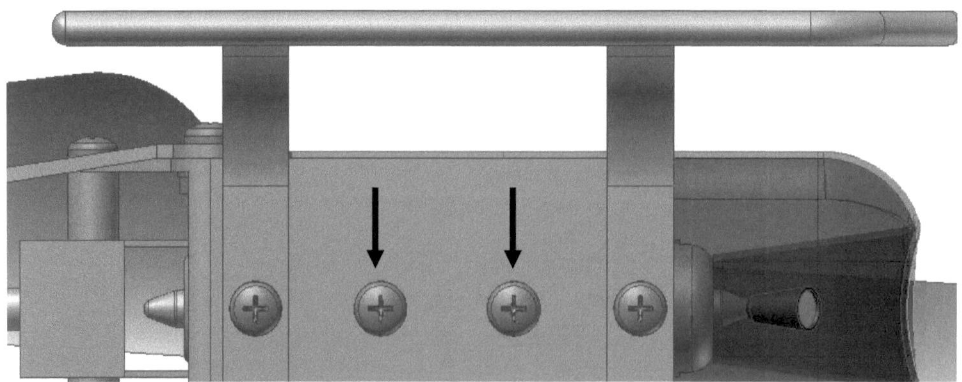

16 Farbzuweisung und Rendering

16.1 Bauteile mit Farben versehen

Vor dem Rendern der Baugruppe soll den einzelnen Bauteilen jeweils eine **Farbe** zugewiesen werden. Die folgende Farbauswahl ist nur ein Beispiel und kann beliebig geändert werden.

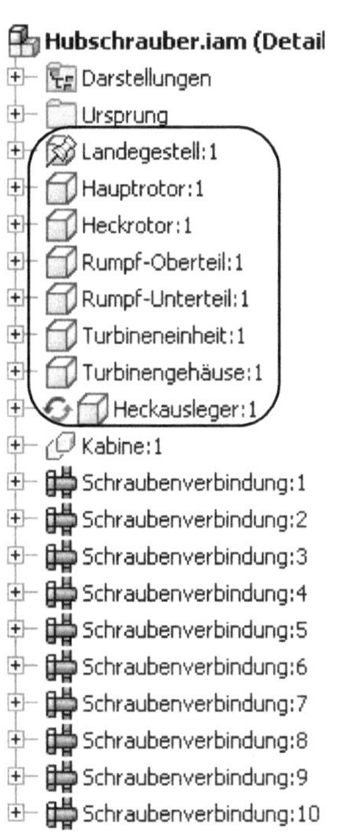

> Bei gedrückter **Taste: STRG** mit der linken Maustaste nacheinander die folgenden Bauteile markieren:

> Hauptrotor, Heckrotor, Turbineneinheit

> **Darstellung überscheiben** (1)
> Farbe: **Rot** wählen
> **Taste: ESC**

> Bei gedrückter **Taste: STRG** mit der linken Maustaste nacheinander die folgenden Bauteile markieren:

> Landegestell, Rumpf-Oberteil, Rumpf-Unterteil, Turbinengehäuse, Heckausleger

> **Darstellung überscheiben** (1)
> Farbe: **Gold - Metall** wählen
> **Taste: ESC**

16.2 Rendern der Baugruppe

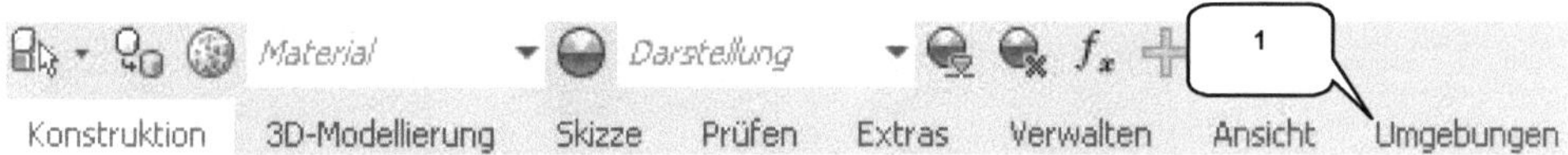

Im nächsten Schritt soll die Baugruppe gerendert werden. Hierfür ist in das Register **Umgebungen** (1) zu wechseln und dort der Befehl **Inventor Studio** (2) zu starten.

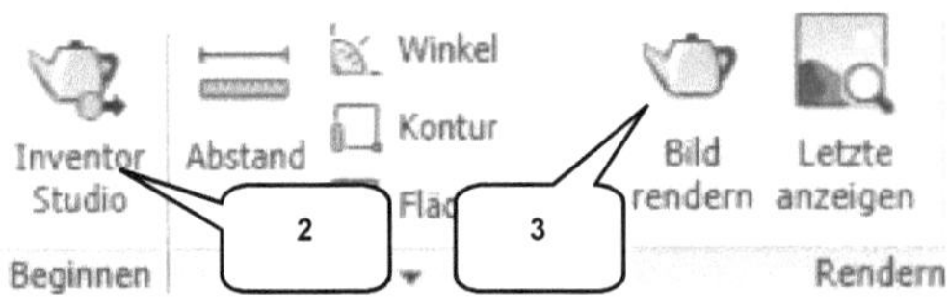

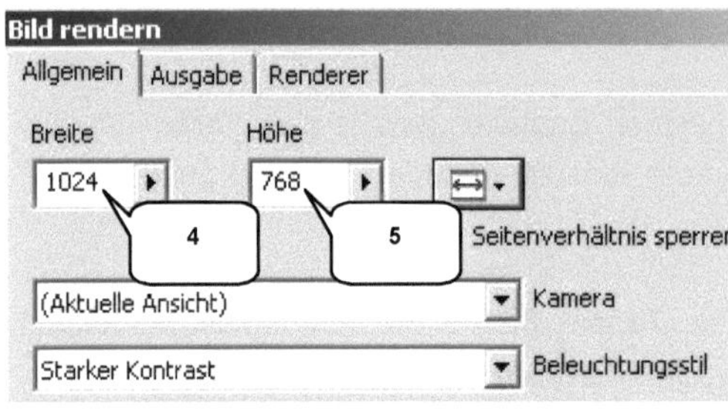

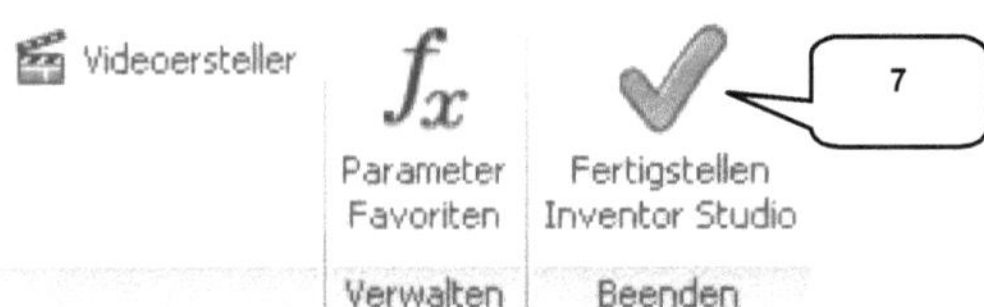

Im Register **Rendern** dann den Befehl **Bild rendern** (3) starten. Der Hubschrauber sollte jetzt solange im Zeichenbereich gedreht und gezoomt werden, bis eine zufriedenstellende Position erreicht ist. Anschließend kann gerendert werden.

- **Bild rendern** (3)
- Breite: [1024] (4)
- Höhe: [768] (5)
- **RENDERN**

- **Speichern** (6) (Renderausgabe)
- Projektordner wählen
- Dateiname: [Renderbild]
- Dateityp: (*.jpg)
- **Speichern**

- **Fertig stellen Inventor Studio** (6)

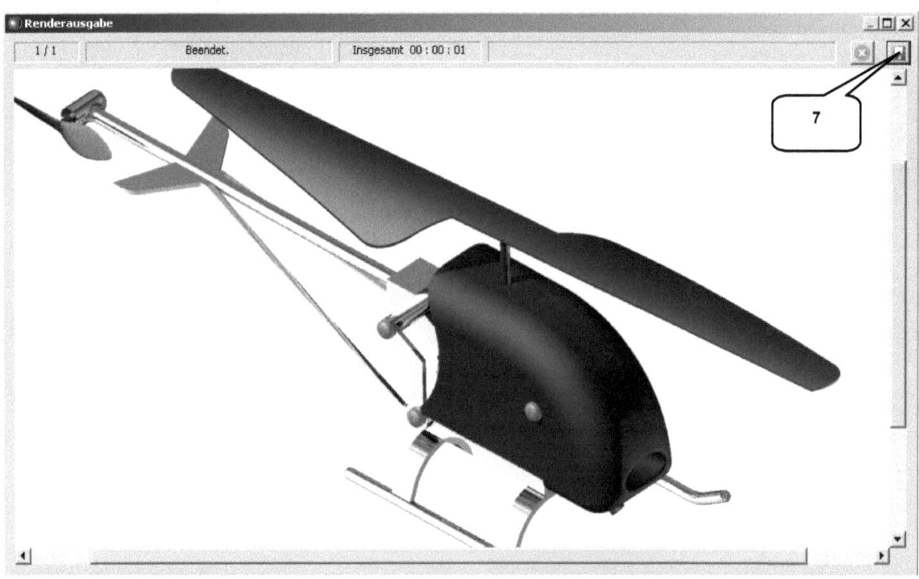

17 Animation der beweglichen Bauteile

17.1 Setzen der Bewegungsabhängigkeiten

Im letzten Kapitel dieses Buches sollen die drei Bauteile Hauptrotor, Heckrotor und Turbineneinheit mit einer **Bewegungsabhängigkeit** versehen werden. Alle drei Bauteile sind noch immer mit einem Freiheitsgrad versehen: sie können jeweils frei um ihre Rotorachse gedreht werden. Dieser letzte Freiheitsgrad soll jetzt eliminiert werden, um damit eine Bewegungsanimation erzeugen zu können.

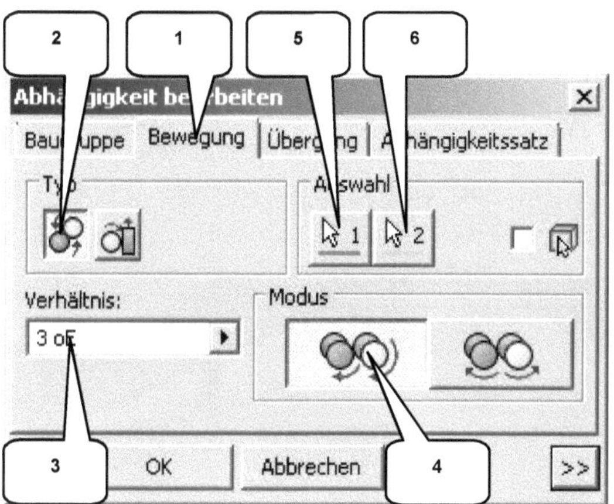

> **Register: Zusammenfügen**
> **Abhängig machen**
> Reiter: Bewegung (1)
> Typ: Drehung (2)
> Verhältnis: [3] (3)
> Modus: Vorwärts (4)
> Auswahl 1: Markierte Zylinderfläche (Hauptrotor) (5)
> Auswahl 2: Markierte Zylinderfläche (Heckrotor) (6)
> **OK**

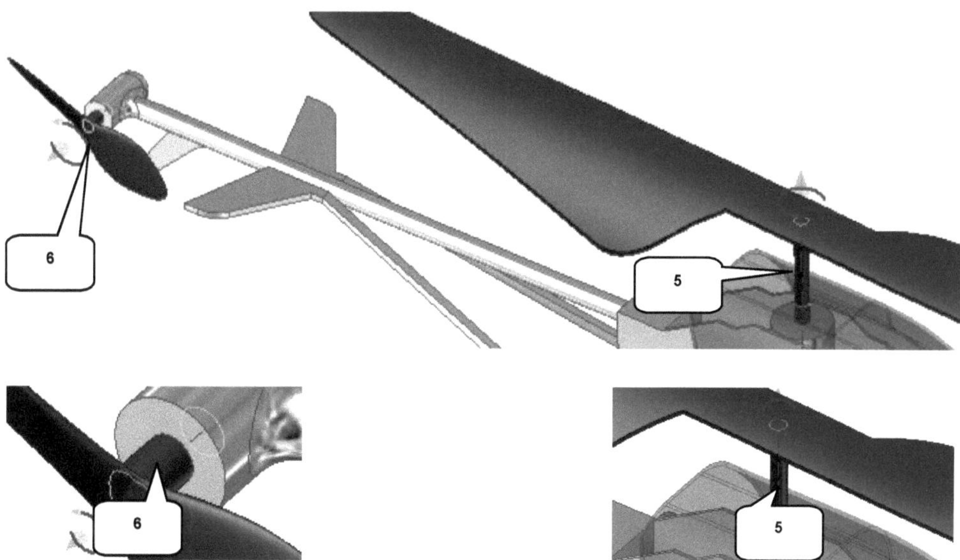

Wenn der Hauptrotor jetzt bei gedrückter linker Maustaste gedreht wird, sollte sich der Heckrotor mit dreifacher Geschwindigkeit drehen.

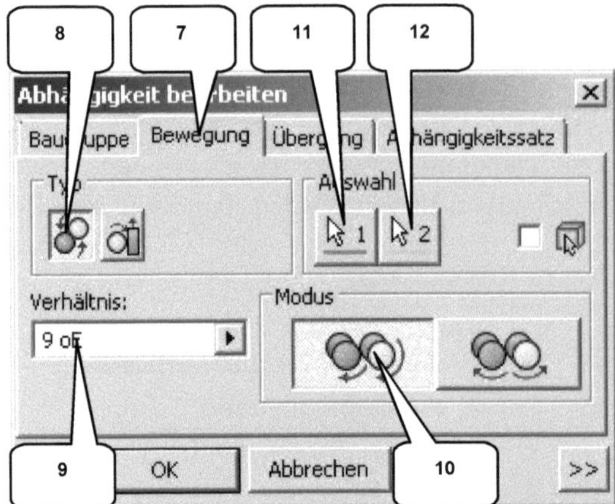

> ***Abhängig machen***
> Reiter: Bewegung (7)
> Typ: Drehung (8)
> Verhältnis: [9] (9)
> Modus: Vorwärts (10)
> Auswahl 1: Markierte Zylinderfläche (Hauptrotor) (11)
> Auswahl 2: Markierte (konische) Fläche (Turbineneinheit) (12)
> ***OK***

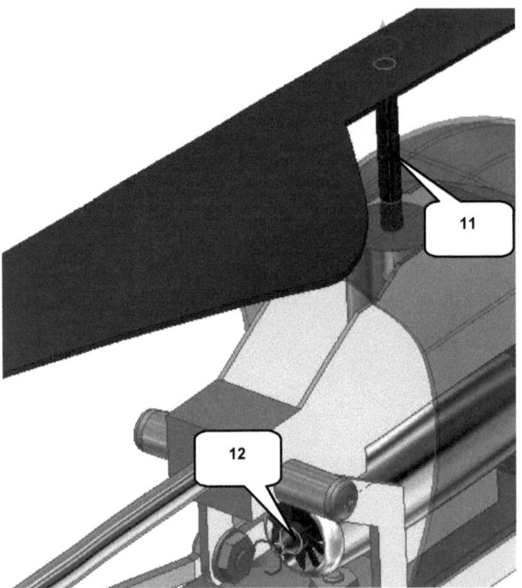

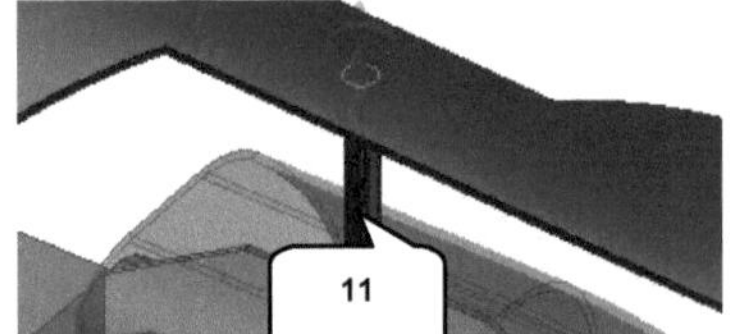

Bei sich drehendem Hauptrotor sollten sich der Heckrotor jetzt mit der dreifachen und die Turbineneinheit mit der neunfachen Geschwindigkeit drehen.

17.2 Setzen einer Winkelabhängigkeit

Im letzten Schritt soll der Hauptrotor mit einer **Winkelabhängigkeit** versehen werden, um diese anschließend zu animierten.

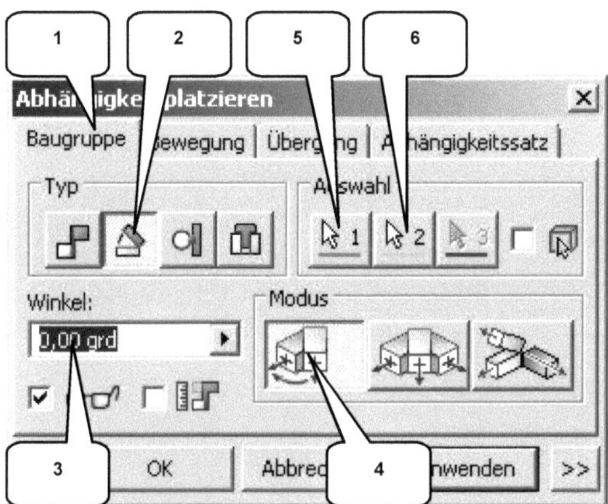

> ➢ **Abhängig machen**
> ➢ Reiter: Baugruppe (1)
> ➢ Typ: Winkel (2)
> ➢ Winkel: [0°] (3)
> ➢ Modus: Gerichteter Winkel (4)
> ➢ Auswahl 1: XY-Ebene (Baugruppe) (5)
> ➢ Auswahl 2: YZ-Ebene (Hauptrotor) (6)
> ➢ **OK**

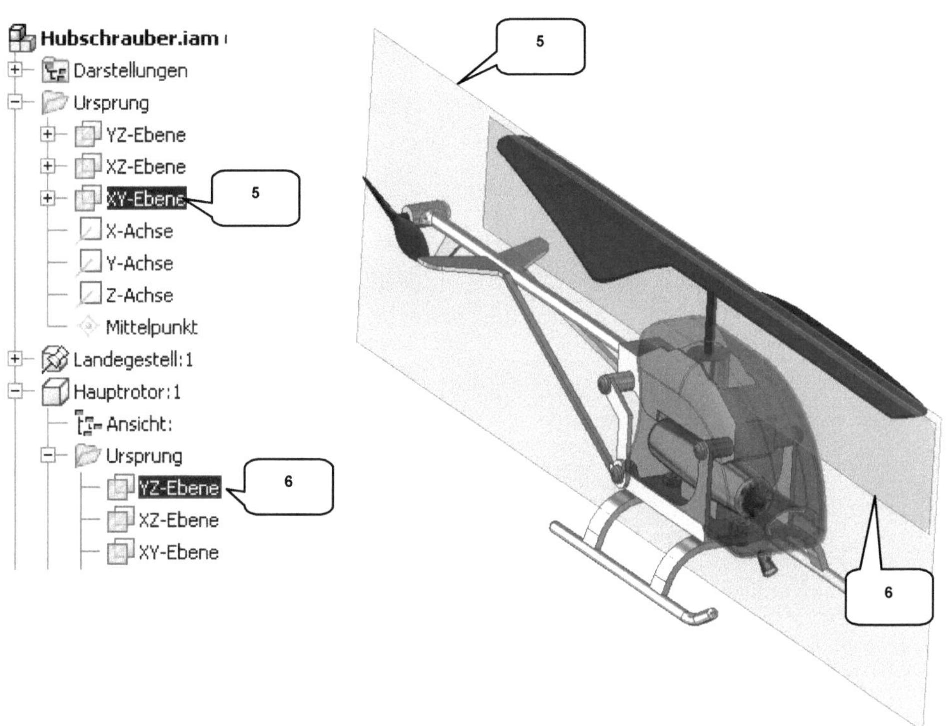

17.3 Animation der Rotationsteile

Um die zuletzt erzeugte Abhängigkeit animieren zu können, muss darauf im Browser (Bauteil Hauptrotor) mit der rechten Maustaste geklickt und die Option **Bauteil nach Abhängigkeiten bewegen** gewählt werden.

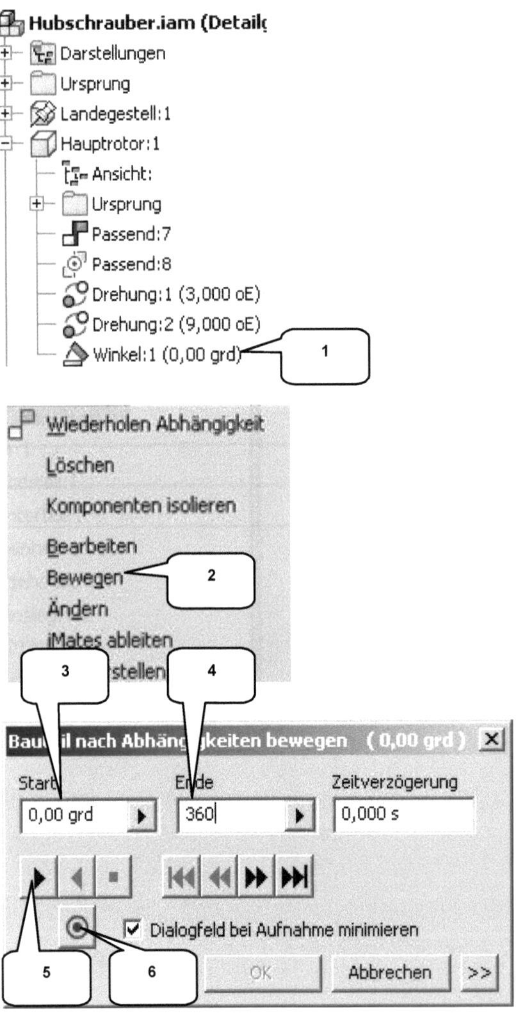

> Rechte Maustaste auf die Winkelabhängigkeit des Hauptrotors (1)
> Option: Bewegen (2)

Im gleichnamigen Befehlsfenster sind dann die folgenden Einstellungen vorzunehmen:

> Start: [0°] (3)
> Ende: [360°] (4)

Anschließend kann mit der Animation begonnen werden.

> Option: Vorwärts (5)

Mit der Taste **Aufnahme** (6) kann die Animation als Video gesichert werden. Das Programm wird diese Prozedur schrittweise begleiten.

Die Baugruppe kann jetzt abschließend **gespeichert** und geschlossen werden.

> **OK**
> **Speichern**
> **Baugruppe schließen**

18 Schlusswort

Der Autor des Buches hofft, dass Sie bei der Arbeit mit dem Programm und dem Übungs-projekt viel Spaß hatten.

Der Inhalt des Buches wurde sorgfältig geprüft. Leider können Fehler nicht ausgeschlossen werden.

Wenn Ihnen während der Arbeit mit dem Buch Fehler auffallen sollten, oder wenn Sie Ideen zur Verbesserung des Inhaltes haben, ist Ihnen der Autor für jeden Hinweis per E-Mail dankbar.

Konstruktive Anmerkungen können jederzeit an **schlieder@cad-trainings.de** gesendet werden.

Vielen Dank.

A

B